Antje Krause | Wilhelm Bauer
ulmer
W0417486
Garten
sucht
Hühner
Die besten Rassen
für kleine Gärten

Inhalt

Lakenfelder

Ich wollt, ich hätt ein Huhn ... 38

Strupphühner

Thüringer Barthühner

Service 126

Hühner sind erstaunlich!

Ich bin „so halb" mit Hühnern aufgewachsen. Mein Großvater hatte schon immer welche und ich hatte das frische, garantiert „glücklich" produzierte Ei als selbstverständlich hingenommen. Erst als mein Großvater sein liebstes Hobby aus Altersgründen aufgeben musste, habe ich begonnen, mich mit den Umständen von Industriehühnern und -eiern zu beschäftigen. Und schnell war klar: Sobald es meine Lebensumstände erlauben, möchte ich eigene Hühner haben! Und dann war es soweit. Für mich persönlich sehr schön ist, dass ich heute Hühner an dem Ort halte, an denen schon mein Opa seine hatte. Die Tradition wird fortgeführt, aber gewiss mache ich einiges anders. Ich lerne immer noch jeden Tag, am meisten durch Beobachten der Tiere. Ich bin weit davon entfernt, selber Hühner züchten zu wollen, aber diese fünf Girls, die da so lebensfroh in ihrem Gartenbereich umherstaksen, machen mich jeden Tag happy. Es ist erstaunlich, wie sich jedes Individuum vom anderen unterscheidet – äußerlich und charakterlich. Ein ganzer Kosmos im Hühnerstall!

Eine Vorwerk-Henne, im Hintergrund eine Marans-Henne.

Ich kann mich noch gut an meine Anfänge erinnern: Fragen über Fragen! Man wollte einfach alles richtig machen. Ich habe meinem lieben Coautor und Freund Wilhelm Bauer (und meinem Opa auch) Löcher in den Bauch gefragt. Wenn ich jedes Mal einen Euro bekommen hätte, wenn die Antwort auf eine meiner spitzfindigen Fragen lautete „Das machst Du mit Menschenverstand", hätte ich meine ersten Hühner schon finanziert gehabt. Auch wir verweisen in diesem Buch immer wieder auf den Menschenverstand, weil das manchmal der beste Rat ist, den man geben kann. Mit einem Grundgerüst an Wissen, wachen Augen und Respekt vor dem Lebewesen kann (fast) nichts schiefgehen.

Dieses Grundgerüst wollen wir Ihnen mit diesem Buch an die Hand geben. Wir haben versucht, Hühnerrassen zusammenzutragen – auch besondere Exemplare – deren Pflege für den Hühnerneuling gut zu bewerkstelligen ist. Und wir wollen Sie ermuntern, sich auf diese einzigartigen und „hart arbeitenden" Vögel einzulassen. Denn Hühner sind einfach erstaunlich.

Antje Krause

Hühner sind cool!

Als ich diesen Ausspruch aus dem Mund eines 15-jährigen, pubertierenden Schülers hörte, war ich glücklich! Ich bin Lehrer an einer Grund- und Hauptschule und mein Schüler hatte sich mit diesen Worten gegenüber anderen Teenagern geäußert, die neu an unsere Schule gekommen waren und sich über unsere Schulhühner wunderten. Ja, wir haben Hühner an unserer Schule! Als ich im ungefähr gleichen Alter begann, hobbymäßig Zwerghühner zu züchten, bin ich für eine solche Aussage zumindest belächelt worden. Schön, dass das heute anders ist.

Während mein Schüler sich am täglichen Umgang mit den Schulhühnern erfreut, sie beobachtet und sich manchmal auch über ihr Verhalten wundert, geht die Hühnerliebe bei mir weiter. Ich züchte Zwerghühner nach dem Rassestandard und versuche, die Tiere in ihrer Form, ihrem besonderen Farbspiel und nicht zuletzt in ihren rassespezifischen Merkmalen zu vervollkommnen. Die Hühnerzucht ist für mich zu einer erfüllenden Freizeitbeschäftigung geworden.

Dabei steht für mich persönlich außer Frage, dass ich meine Hühner auch schlachte und ihr Fleisch verwerte. Meine Hühner sind also nicht nur Haus-, sondern auch Nutztiere. Ich gebe gerne zu, dass ich diese Vorgehensweise nicht selten rechtfertigen muss. Mir ist es wichtig, diese Lebensnähe zu leben und meine ganze Familie einzubinden. Selbst für unsere Kinder ist es normal, dass die Hühner auch geschlachtet und gegessen werden.

Vielleicht liegt diese Sicht- und Herangehensweise ans Thema Huhn auch in meiner eigenen Kindheit begründet. Wir machten uns keine Gedanken, wenn die Oma wieder ein Huhn schlachtete und es war geradezu selbstverständlich, dass wir dabei waren. Ich kann nur jedem raten, sich zumindest einmal auf den Gedanken einzulassen. Denn spätestens, wenn die Hennen nicht mehr so richtig legen (oder später, wenn man Küken erbrüten will und man auf einmal mehrere junge Hähne hat), stehen diese Fakten vor der gedanklichen Tür. Aber das ist mein Weg. Sie müssen Ihren Weg finden.

Und nun tauchen Sie mit uns ein in die Welt der Hühner! Suchen Sie sich „Ihr" Huhn aus und erfahren Sie das Wichtigste zur Hühnerhaltung – ganz ohne Züchterlatein. Denn egal, für welche Hühnerrasse Sie sich entscheiden: Hühner sind cool und die eigene Hühnerhaltung noch viel cooler.

Vielen Dank

an den Verlag Eugen Ulmer mit seiner Lektorin Antje Munk, der uns als Autoren die Chance gegeben hat, Ihnen Charakterhühner und alles, was dazu gehört, vorzustellen. Der Dank geht aber auch an meine Frau Yvonne und unsere Töchter Anna und Klara. Sie sind immer mit von der Partie und unterstützen mich und meine Hühner.

Basics für eine Handvoll Hühner

Ich will Hühner!

Gleich zu Beginn eine gute Nachricht: Hühnerhaltung ist nicht schwer! Zumindest wenn der Halter „mit Menschenverstand“ an die Sache herangeht.

Wie im Vorwort schon angedroht, wird Ihnen hier sofort der „Menschenverstand um die Ohren gehauen“. Denn wir möchten Sie auf den folgenden Seiten ermuntern, Ihren eigenen Weg zu finden, und geben Ihnen Grundlagen an die Hand, damit Sie in kürzester Zeit selbst ein Gefühl dafür entwickeln, was für Ihre Tiere gut und ausreichend ist. Die groben Bausteine für ein gutes Hühnerleben – eine tiergerechte Unterbringung mit Freigang, passendes Futter, Impfungen und Parasitenprophylaxe – sind, wenn man sich damit beschäftigt, gut zu verstehen und lassen sich „mit Menschenverstand“ (schon wieder!) an die Gegebenheiten bei Ihnen zu Hause, an Ihr Grundstück und Ihren persönlichen Zeitplan anpassen.

Hühner haben Bedürfnisse, die ihrer Art entsprechen, logisch! Gott sei Dank aber keine komplizierten Bedürfnisse. Und bei deren Umsetzung gilt: Viele Wege führen nach Rom. Daher macht es auch überhaupt keinen Sinn, das Hühnerfutter mit der Briefwaage abzuwiegen oder den Stall mit dem Zentimetermaß auszumessen. Und deshalb werden Sie in diesem Buch auch keine Angaben finden à la „Hühnerrasse X frisst Y Gramm von Futtermischung Z am Tag“. Das funktioniert nicht. Denn die perfekte Hühnerhaltung (wenn man es mal so plakativ nennen will) besteht aus einem Geflecht aus verschiedenen Komponenten, die sich gegenseitig beeinflussen.

„Rennhenne“ Klara: „Ich muss schnell mal wohin …“

Hier mal ein paar Grundprinzipien zum Eindenken in die Materie: Je größer und vielseitiger der Auslauf, desto mehr Nahrung finden die Tiere draußen selber (zumindest in der warmen Jahreszeit), ergo desto weniger gekauftes Futter brauchen sie. Je leichter und lebhafter die gewählte Hühnerrasse, desto höher muss die Umzäunung des Auslaufs sein – noch höher, je kleiner und strukturloser (sprich laaangweilig) die Fläche ist. Je kleiner der Auslauf, desto eher müssen Sie auch in der Freiluftsaison Grünfutter zufüttern. Und und und. Sie sehen, Schema F bringt den Hühnerhalter in spe nicht weiter, sondern … Sie ahnen es … Menschenverstand!

Gut geschüttelt ist halb gelegt, denkt sich Coco ...

Kann jeder Hühner halten?

Es gibt ein paar wenige Ausschlusskriterien für die Hühnerhaltung. Erstens: Sie wohnen in einer Wohnung ohne Grundstück. Hühner sind definitiv nichts für den Balkon oder die Terrasse, fürs Zimmer schon gar nicht – egal, wie zwergig sie sind. Zweitens: Sie sind Welt- oder Geschäftsreisender und haben niemanden, der Ihre Hühner während Ihrer Abwesenheit betreut. Auch das wird Sie hindern, Hühnerbesitzer zu werden. Stall auf- und verschließen, füttern und tränken, Eier einsammeln – täglich muss jemand nach den Hühnern schauen. Drittens: Vögel allgemein sind Ihnen leicht unsympathisch? (Es gibt mehr Menschen als Sie denken, die beim Gedanken an die Federn erschaudern.) Um es deutlich vorweg zu sagen: Sie müssen die Tiere nicht nur anschauen, sondern auch in der Lage sein, sie bei Bedarf anzufassen, zu fangen und zu untersuchen – nicht jedermanns Sache. In allen anderen Lebenslagen spricht nichts gegen die Haltung von ein paar Hühnern.

Das wird mein Huhn

Es gibt deutschlandweit etwa 200 anerkannte Hühner- und Zwerghuhnrassen. Da ist es gar nicht so einfach, die für sich passende Rasse herauszufinden. Die Tiere unterscheiden sich in Größe, Gewicht und Aussehen sowie im Charakter und in ihren „Nutzungsmöglichkeiten".

Größe und Charakter bestimmen den Platzbedarf im Stall und vor allem im Auslauf. Geringe Platzverhältnisse schließen große, lebhafte und schreckhafte Rassen aus. Sie machen einfach raumgreifende Bewegungen – ist der Platz dann nicht ausreichend, machen sie sich gegenseitig kirre und attackieren im schlimmsten Fall rangniedere Artgenossen. Wenn Sie zu den Glücklichen zählen, die einen großen Stall mit einem weiträumigen, gut eingezäunten Auslauf ermöglichen können, haben Sie dagegen freie Auswahl. Alle im Buch genannten Hühnerrassen sind für den Einsteiger geeignet – wenn, ja, wenn er wie gesagt den Menschenverstand walten lässt.

Schoßhuhn Klara ist völlig gechillt.

Zwerg- oder Großrasse?

Die Bezeichnung „Zwerg" vor dem Rassenamen sagt noch nichts über die absolute Körpergröße aus. Die differiert von Rasse zu Rasse und wird im sogenannten Rassestandard für die jeweilige Rasse beschrieben. Klar ist, die Zwergrasse ist im Vergleich zur dazugehörigen Großrasse deutlich kleiner und leichter. In den meisten Fällen gibt es nämlich die Entsprechung „Großrasse – Zwergrasse". Das kommt daher, dass „normale" Hühnerrassen im Laufe der Züchtungsarbeit verzwergt, das heißt, immer die kleinsten miteinander verpaart oder auch andere Zwerghuhnrassen eingekreuzt wurden. Das Zuchtziel waren kleinere Tiere. So gibt es Welsumer und Zwerg-Welsumer, Seidenhühner und Zwerg-Seidenhühner usw. Aber keine Regel ohne Ausnahme: Einige Zwerghühner gibt es nur in der kleinen Variante. Sie werden echte Zwerghühner oder Urzwerge genannt (siehe auch Seite 44).

Große versus Kleine – da gibt es keine pauschalen Gewinner. Zuerst einmal sind die Zwerge das optische Pendant der Großrasse. Manche besonders große Rassen, bei denen die Körpermasse ein besonderes Charakteristikum ist, wirken – wenngleich die Proportionen erhalten bleiben – in der Zwergvariante nicht so wuchtig, das sollte man wissen. Aber wem beispielsweise das größte Huhn in diesem Buch, das Brahma, gar zu riesig ist, der könnte mit einem Zwerg-Brahma froh werden. Es ist etwas kleiner und leichter, aber trotzdem ein optisches Schwergewicht. Zwerghühner brauchen weniger Platz als ihre großen Verwandten, fressen weniger und produzieren auch weniger Hühnermist. Gerade für geringe Platzverhältnisse sind das Pluspunkte. Auf der anderen Seite legen sie in der Regel kleinere Eier als die Großrasse. Aber halt, bevor Sie nun abwinken. Das sollte kein Ausschlusskriterium sein! Bei Rassegeflügelschauen von Kleintierzuchtvereinen kann man nicht nur die verschiedenen Rassen anschauen, sondern häufig werden auch deren Eier im Vergleich präsentiert. Man ist manchmal erstaunt, wie groß Zwerghuhn-Eier dann doch sind! Bei einigen Rassen sind die Zwerge so legefreudig, die Eier nur wenig kleiner, dafür aber die Platz- und Futterkostenersparnis groß, dass wir in diesem Buch ausdrücklich die Zwergvariante empfehlen.

Noch ein wichtiger Hinweis zu einem häufigen Denkfehler: Oft kann man von der Wesensart der Großrasse nicht unbedingt auf den Charakter der Zwerge schließen. In den Hühnerrassen-Porträts ab Seite 38 wird jeweils erwähnt, wenn die Zwerge zum Beispiel quirliger als die Vertreter der Großrasse sind.

Trude beobachtet aufmerksam die Umgebung von einem etwas erhöhten Platz aus.

Luna ist ein zitron-porzellanfarbiges Federfüßiges Zwerghuhn – der Name ist Programm.

Von Hause aus Nutztier: Legehuhn, Fleischhuhn und Co.

Traditionell werden die Hühnerrassen in vier Gruppen eingeteilt: Legehühner, Fleischhühner (Masthühner), Zweinutzungshühner (Zwiehühner) und Zierhühner. Die jahrzehntelange, bei manchen Rassen auch jahrhundertelange Züchtung hat es mit sich gebracht, dass die Hühner immer spezialisierter wurden. Entweder wurden sie auf möglichst viele Eier, auf viel oder besonders gut schmeckendes Fleisch oder auf eine gute Balance zwischen beidem gezüchtet. Letztere, das sind die Zweinutzungshühner, spielten vor allem für Kleinbauern eine Rolle, die als Selbstversorger lebten. Sie ließen sich zwei, drei Jahre lang die Eier schmecken und wenn die Legeleistung natürlicherweise nachließ, gaben die Hühner noch ein tolles Suppenhuhn ab. Zierhühner sind aufs Aussehen gezüchtet, klar! Eier und Fleisch sind bei ihnen zweitrangig (dennoch legen die meisten von ihnen regelmäßig, aber vergleichsweise wenige Eier; nur ein paar Zierhühner sind ausgesprochen legefaul).

Selbstversorger mussten früher knallhart abwägen: Was bringt mir das Huhn bei wie viel Kosten und Aufwand? Die Einteilung der Hühner nach ihrem potenziellen Nutzen war also hilfreich. Heute sind die Zeiten und Umstände anders. Niemand MUSS heutzutage Hühner halten, um satt zu werden. Aber je wirtschaftlicher der Ansatz bei der Hühnerhaltung ist, desto wichtiger sind diese „Schubladen" nach wie vor. Wer hobbymäßig an die Sache herangeht, wird die Einteilung der Hühner nach ihrem Nutzen nicht so streng anschauen – aber sie kann ohne Zweifel eine gute Orientierung bei der Auswahl der Rasse geben.

Jedoch wird die Einteilung nicht allen Rassen gerecht, die Übergänge sind fließend. In diesem Buch haben wir darauf verzichtet, allen Hühnern auf Teufel komm raus einen der vier Begriffe überzustülpen, sondern versucht, die individuellen Leistungen gerechter zu würdigen. Unserer Meinung nach ist das ein besserer Ratgeber bei der Auswahl des passenden Federviehs. Überlegen Sie sich im Vorfeld: Ist mir ein reicher Eiersegen wichtig oder möchte ich ein „hübsches" Huhn? (Wenn Sie Glück haben, finden Sie eine Rasse, die beides bietet!) Möchte ich gar ein skurriles Huhn, auf dessen Aussehen mich die Nachbarn ansprechen? Oder lege ich Wert auf saftiges Hühnerfleisch? Besprechen Sie Ihre Erwartungen auch mit Ihrer Familie!

Über Geschmack lässt sich streiten: Das Aussehen

Die Optik ist ein wichtiges Auswahlkriterium, für manchen sogar das wichtigste. Die Vielfalt an Hühnerrassen ist riesig. Neben hübschen Normalos gibt es einige Skurrilitäten. Hauben, Backenbärte, Bommeln im Gesicht, fellartiges oder gestrupptes Gefieder, sehr kurze oder sehr lange Beine, schwarze oder weiße Gesichtshaut, befiederte Füße – was darf's sein?

Die meisten Hühnerrassen gibt es zudem in verschiedenen Farben und Zeichnungen; Farbenschläge genannt. Diese werden in den Porträts aufgeführt und zwar sowohl mit der offiziellen Bezeichnung, die der Farbenschlag in Züchterkreisen hat, als auch in der „Übersetzung" für Ottonormalverbraucher – oder wer wüsste aus dem Hut, wie gold-porzellanfarbig oder weiß-schwarzcolumbia aussieht? Trotzdem ist es wichtig, auch die offizielle Farbenschlagbezeichnung zu kennen, damit man auf relativer Augenhöhe mit dem Züchter sprechen und überhaupt schnell herausfinden kann, von welchem Züchter man die auserwählten Hennen und Hähne bekommen kann.

Übrigens können Rassetiere in Deutschland anders aussehen als in anderen Ländern – trotz gleichen Rassenamens. Je nach Land gelten unter Umständen unterschiedliche Rassestandards. Diese Rassestandards dienen als Richtschnur für die Züchtung von Rassetieren, hierin werden alle gewünschten und unerwünschten Merkmale festgelegt. Auch kann es vorkommen, dass Farbenschläge in einem Land offiziell anerkannt sind, in anderen Ländern nicht. Diese Feinheiten nur, damit Sie sich nicht wundern. Richtig wichtig sind sie nur, wenn man selber züchten möchte. Aber wer weiß, es haben sich schon viele ehemalige „Ach, ich hab die nur wegen der Eier"-Halter zu passionierten Züchtern gemausert. (Apropos Mauser: Mehr dazu erfahren Sie auf Seite 35.)

Es sind einfach Charaktertiere!

Wer eine Hühnerherde als gleichförmige, aufgeregt umhergackernde Masse sieht, hat noch nie richtig hingeguckt! Klar, Hühner sind als Fluchttiere immer auf der Hut vor potenziellen Feinden. Aber sie können auch relaxen! In der Sonne, im warmen aufgewühlten Sand oder im Dämmerlicht auf der Stange im Stall. Und zwischen Dösen und Flüchten liegen noch ganz viele Nuancen!

Interessant und für manchen Hühnereinsteiger überraschend ist die Tatsache, dass sich die einzelnen Rassen nicht nur in ihrem Aussehen unterscheiden, sondern auch in ihrem Charakter. Manche Rassen sind tendenziell ruhig und gemütlich, an-

Das Vorurteil mit der Fußbefiederung

In manchen Geflügelbüchern ist zu lesen, dass Hühner, die Federn an den Füßen tragen, Probleme mit Nässe hätten, im Winter dann auch mit Eisbildung. Dem ist nicht so. Es ist unsere Assoziation, die denken lässt: Nasse Füße gleich Blasenentzündung oder derlei unschöne Geschichten, die beim Menschen (!) sicherlich Berechtigung haben. Hühner tragen über Jahrzehnte Federlatschen und sind erfahrungsgemäß trotzdem keine Mimosen – sonst wären Federfüße schon ausgestorben. Was sich der Halter in spe aber überlegen muss, ist, ob er schmutzige Federlatschen anschauen mag. Glückliche Hühner dürfen in der Erde scharren und da liegt es in der Natur der Dinge, dass Federn an den Füßen dreckig werden. Wem das nicht gefällt, sollte sich Hühner mit nackten Füßen aussuchen.

Trotz zartem Aussehen: Seidenhühner wie Erna sind ganz normale Hühner.

dere quirlig, manche dem Menschen gegenüber reserviert, andere aufgeschlossen bis anhänglich. Und der Vorteil von Rassehühnern ist (neben ihrem hübschen Äußeren), dass man ihr Wesen grob voraussagen kann. Bei Hybridhühnern (Seite 91) oder der bunten Promenadenmischung vom Nachbarn ist die Charakterfrage eher Glückssache.

Es lohnt sich absolut, sein Huhn auch nach dem Charakter auszusuchen! Während lebhafte Rassen dem Beobachter einige Action bieten, oft auch neugieriger auf das Tun des Besitzers reagieren, lassen es ruhigere Rassen gemächlicher angehen. Großer Vorteil der Ruhigen ist: Sie neigen weniger zum Fliegen, weshalb sie nicht so hohe Umzäunungen benötigen. Jedoch: Jedes Huhn, das sich in Gefahr wähnt (ob begründet oder nicht) und keine Versteckmöglichkeiten sieht, wird versuchen, über Zäune, auf Bäume oder Dächer zu fliegen. Aussagen in manchen Geflügelbüchern wie „Die Rasse fliegt nicht" sind also relativ. Fliegen können alle Hühner – manche besser, manche schlechter. Nur das Seidenhuhn kann es aufgrund seines besonderen Federkleids tatsächlich nicht.

Auch sind ruhige Rassen im wahrsten Sinne des Wortes ruhiger als die Wirbelwinde; lautlose Hühner gibt es jedoch nicht. Wo gehobelt wird, fallen Späne – wo Hühner leben, wird gegackert und bei Anwesenheit eines Hahns auch gekräht, so ist das (Land-)Leben!

Wir sagen übrigens mit Absicht: „Man kann ihr Wesen grob (!) voraussagen." Die Gene der Rasse geben dem einzelnen Tier ihre Prägung mit; das individuelle Huhn hat aber immer noch seinen eigenen Kopf. Was wir eher Hund und Katze zutrauen, lässt sich auch bei Hühnern beobachten: Innerhalb der Rassen gibt es ganz individuelle Persönlichkeiten. Hühner sind eben auch nur Menschen.

Eins, zwei, drei, ganz viele ...

Wie viele Hühner sollen es werden? Angesichts der vielen Rassen und der zahlreichen Farbenschläge kommt man leicht ins Schwärmen und eventuell auf die Idee, ein buntes Dutzend auf den Wunschzettel zu schreiben. Aber übernehmen Sie sich nicht! Überlegen Sie, wie viel Platz Sie haben (Seite 17), welche Futterkosten Sie stemmen wollen und wie viele Eier Sie letztlich tatsächlich brauchen. Noch ein wichtiges Argument: Wenige Hühner machen weniger Mist; viele Hühner machen viel Mist! Den gilt es aus dem Stall zu schaffen und zu verwerten oder zu entsorgen.

Hühner sind Herdentiere. Als Mindestanzahl sollten es drei Hennen sein. Vier sind ebenfalls ein gutes Mindestmaß. Falls einem Tier etwas zustoßen sollte, hat man noch drei Hühner, die sich bereits kennen. Denn das Zusetzen von neuen Hennen ist immer ein Stressfaktor und macht gerade dem frisch gebackenen Hühnerhalter ein paar Wochen lang Arbeit „außer der Reihe". Zwei Tiere fühlen sich kaum als Herde, ein Huhn in Einzelhaft ist Tierquälerei.

Und was ist mit einem Hahn?

Während für manche ein Hahn absolut zum Bild des schönen Landlebens gehört, ist er für die Hennenherde nicht unbedingt notwendig. Der Hahn hat, neben seiner offensichtlichen Aufgabe Nachwuchs zu zeugen, eine soziale Funktion. Er passt auf seine Damen auf und baut sich bei möglicher Gefahr schützend vor ihnen auf, regelt Streitereien und „hält den Haufen zusammen". Ist kein Hahn da, organisieren sich die Hennen aber auch problemlos mit reiner Frauenpower. Eier gibt es ohne Hahn trotzdem – versprochen!

Viele Halter entscheiden sich gegen einen Hahn, da er oft zum Zankapfel unter den Nachbarn wird. „Gehört dazu!" sagen die einen; „Weißt Du, wann der mich aus dem Schlaf gekräht hat?", stöhnen die anderen. Bei mehreren Hähnen in der Nachbarschaft entstehen regelrechte Krähwettkämpfe, das kann man nicht kleinreden. Hier muss man sensibel vorgehen. Wer unbedingt einen Hahn halten möchte, könnte es mit einem Kompromiss versuchen: die Hühnerschar nicht in aller Herrgottsfrühe aus dem Stall lassen, den Stall so gut es geht gegen Schall isolieren und dann und wann ein paar Eier als Versöhnungsgeste über den Gartenzaun wandern lassen.

Ein ganz besonderes Idyll: Hahn samt Hennen.

Wo bekomm' ich Hühner her?

Am sinnvollsten ist es für den Hühner-Einsteiger, wenn er sich Junghühner anschafft, also etwa ab einem Alter von drei Monaten. Dann haben sie das Gröbste bereits überstanden und das Geschlecht ist erkennbar.

Bei einigen Rassen sieht man zwar schon im Kükenalter anhand des Gefieders, ob es eine Henne oder eine Hahn ist (Kennfarbigkeit, Seite 53). Jedoch bringt die Anschaffung von Küken neue Herausforderungen (und Kosten), wie das Besorgen von speziellem Futter, Wärmequellen und kleinmaschigen Zäunen. Das wird zu Beginn der Hühnerhalterkarriere eher stressig; nach ein paar Jahren Hühnererfahrung kann man immer noch darüber nachdenken.

Erste Anlaufstelle beim Kauf von Rassejunghühnern sind die örtlichen Kleintier- und Geflügelzuchtvereine. Sie sind im Bund Deutscher Rassegeflügelzüchter organisiert (Adresse im Service ab Seite 126). Dort erfahren Sie Ansprechpartner und Termine für Geflügelschauen in Ihrer Nähe, wo Sie viele der hier im Buch vorgestellten Rassen einmal live sehen können. Eine gute Gelegenheit für einen direkten Vergleich der Hühner und natürlich zum Kennenlernen von Züchtern. Über ein ernst gemeintes Kompliment kommt man leicht ins Gespräch und die Erfahrung zeigt, dass auch die einfachsten Anfängerfragen meist gern beantwortet werden.

Wenn Sie sich schon 100%ig für eine Rasse entschieden haben, können Sie auch zu einem Sonderverein, der sich dieser speziellen Rasse widmet, Kontakt aufnehmen. Hier werden Ihnen dann Züchter vermittelt.

In einigen ländlichen Regionen kommen auch noch Geflügelwägen in die Orte. Sie sind Überbleibsel aus alter Tradition und daher eher auf Wirtschaftlichkeit ausgerichtet. Deshalb liegt hier der Schwerpunkt auf den leistungsstarken Hybridhühnern (Seite 91). Reinrassige Hühner werden Sie hier kaum bekommen, auch wenn manche Hybriden so aussehen. Wer ein Rassehuhn haben möchte, sollte sich an einen Züchter wenden.

Willkommen Zuhause

Their home, their castle? Nein, ein Schloss muss es nicht sein. Hühner sind nicht sehr anspruchsvoll, was ihr Heim angeht.

Je nach Anzahl der Hühner genügt ein kleines Häuschen als Unterbringung. Sie können einen fertigen Geflügelstall im Fachhandel kaufen oder einen Schuppen, eine Gartenhütte, ein altes Kinderspielhaus oder dergleichen zum Stall umfunktionieren. Selbst eine Bernhardiner-Hundehütte kann – mit handwerklichem Geschick und einer Verzichtserklärung des Hofhundes – ein Zuhause für drei Zwerghühner werden. Ein unisoliertes Gerätehaus aus Metall ist ungeeignet, da es sich zu stark aufheizt.

Ein kleiner Stall kann einen großen Vorteil haben: Man kann ihn, zum Beispiel mit großen Rädern darunter, versetzbar gestalten und ihn zusammen mit dem Auslauf regelmäßig an einer anderen Stelle im Garten installieren (Wechselauslauf, Seite 29). Es gibt auch diverse mobile Fertigställe im Handel.

Die wichtigsten Kriterien bei der Auswahl des Hühnerheims: Der Stall muss trocken sein, ein möglichst großes Fenster besitzen und Sie müssen beim Säubern gut in alle Ecken kommen. Bei

Platz ist in der kleinsten Hütte, wie dieses Heim für Federfüßige Zwerghühner beweist.

einem Kinderspielhaus und der XXL-Hundehütte müssten Sie schon recht gelenkig sein – oder aber handwerklich begabt und das Dach so verändern, dass es abnehmbar ist. Außerdem sollte der Stall unbedingt ausbruchs- und vor allem einbruchssicher sein. Denn Fuchs und Marder lieben Chickenwings und alle restlichen Körperteile des Huhns. Und bei improvisierten Behausungen sollten Sie unbedingt auf die Standfestigkeit achten, zum Beispiel auf ein solides Fundament. Der Stall muss Wind und Wetter und auch mal eine Panikattacke des Federviehs ohne Wackeln überstehen. Des Weiteren muss er einen festen Boden, zum Beispiel aus Beton oder Holzbohlen, haben. „Gewachsener Boden", sprich die nackte Erde geht nicht. Erstens reicht die Isolierung nicht aus, die Feuchtigkeit der Umgebung würde in den Stall ziehen. Und zweitens hätten Räuber leichtes Spiel, sich hineinzugraben.

Falls Sie einen Stall neu errichten möchten, sollten Sie sich beim Bauamt erkundigen, ob das Einholen einer Baugenehmigung oder zumindest das Anzeigen des Baus bei der Gemeinde nötig ist. Und gleich noch ein Tipp für Selberbauer: Planen Sie die Tür so breit, dass eine handelsübliche Schubkarre hindurchpasst – beim Ausmisten werden Sie für diesen Hinweis dankbar sein.

Die Größe des Stalls hängt von vielen Faktoren ab: Anzahl, Größe und Temperament der gewählten Hühner. Als Richtwert, um überhaupt einmal eine Vorstellung zu bekommen, kann man sagen: Vier Tiere auf einem Quadratmeter Stallfläche sind ein gutes Mittel. Bei winzigen Rassen wie den Sebright (Seite 94) kann man auch sechs Hühner auf einem Quadratmeter unterbringen, bei den großen Brahma (Seite 54) sollten Sie maximal zwei Tiere rechnen. Ansonsten gilt wieder: Menschenverstand walten lassen! Jedes Huhn sollte sich die Beine vertreten und der Hackordnung entsprechend respektvollen Abstand zur ranghöheren Henne halten können. Nach oben hin gibt es keine Grenzen. Ein Zuviel an Platz gibt es nicht. Die Tiere brauchen zum Beispiel keinen begrenzten Raum, damit sie durch ihre Körperwärme den Stall im Winter erwärmen. Apropos Wärme: Eine Heizung benötigen die Tiere nicht; sie gehen mit den Jahreszeiten und sind an die natürlichen Temperaturwechsel angepasst. Zugluft und Feuchtigkeit im Stall vertragen sie dagegen nicht.

Der Parameter Platz ist für viele das offensichtlichste Kriterium bei der Frage nach dem richtigen Stall. Aber was bei den Überlegungen oft vergessen wird: Auch die Lüftung muss der Anzahl an Tieren angemessen sein. Frischluft ist für die Hühnergesundheit absolut wichtig und auch angenehmer für den Halter. Am besten bewerkstelligt man die Lüftung mit je einem Lüftungsschlitz an zwei gegenüberliegenden Stallwänden. Diese Schlitze sollten im oberen Wandbereich, aber in unterschiedlicher Höhe angebracht wer-

Mit etwas Farbe und Geschick wird das Hühnerheim zu einem schmucken Gartenaccessoire.

Ein zweckmäßig eingerichteter Kleinststall mit Sitzstange, Legenest, Futtertrog und erhöht aufgestellter Tränke.

den. So funktioniert die Lüftung mit wunderbarer Physik von allein (Sie wissen schon, kalte Luft sinkt nach unten, warme Luft steigt nach oben ...). Und weil die Schlitze in für die Hühner unerreichbarer Höhe angebracht sind, ist es für die Tiere zugluftfrei. Ganz wichtig ist, die Lüftungsschlitze mit Gitter zu versehen, damit Marder oder andere Räuber nicht hineinkriechen können. Sie sollten außerdem mit einem Brett, einem Schieber oder Ähnlichem verschließbar sein, damit man in kalten Winternächten die Schotten auch mal dicht machen kann.

Was gehört in den Stall?

Wie sollte der Stall nun konkret aussehen? Je weniger drin ist, desto schwerer findet Ungeziefer, wie Milben und Federlinge, Verstecke, und umso leichter lässt sich der Stall sauber halten.

Einstreu

Der Handel bietet verschiedene Einstreuprodukte für Hühnerställe an. Saugstark und preisgünstig sind staubfreie Sägespäne. Die Betonung liegt dabei auf „staubfrei“, das bedeutet, dass die speziell zu Einstreu aufbereiteten Späne weitestgehend vom Sägemehl befreit wurden. Neben den Sägespänen können Sie auch Strohhäcksel, Rapsstroh- oder Hanfhäcksel nehmen. Auch Mischungen aus den genannten Varianten sind möglich und sogar empfehlenswert. Denn je strukturreicher die Einstreu, desto lieber werden die Hühner darin scharren. Ihre Tiere sind beschäftigt und das Wenden belüftet die Einstreu. Das ist für das Kleinklima der Einstreu förderlich, besonders, wenn Sie Tiefstreu in Ihrem Stall machen. Tiefstreu bedeutet, dass eine ungefähr 20 cm hohe Schicht Einstreu eingebracht wird, die

Das gehört in den Stall

- **Einstreu**
- **ein oder zwei Sitzstangen**
- **darunter ein Kotbrett oder eine Kotgrube**
- **mindestens zwei Legenester**
- **Tränke**
- **Futterautomat für Körnerfutter**
- **Futtertrog für Weichfutter**
- **evtl. Gritbehälter**
- **evtl. Sandbad**

Sommerfrische

Ein Fenster muss sein. Sonnenlicht ist für die Hühner Lebenselixier! Im Sommer können Sie einen Rahmen mit engmaschigem Draht bespannen, sodass Wildvögel und Räuber nicht hindurchpassen, und in der Fensteröffnung befestigen. Die Maschenweite sollte dabei nicht größer als 1 cm sein. Dann können Sie das Fenster auch in der Nacht offen lassen (oder gar aushängen, falls technisch möglich).

dann etwa ein Jahr drinnen bleibt. Einmal im Jahr wird die gesamte Einstreu gewechselt. Aber selbst in die frische Einstreu sollten Sie etwas von der „alten" Einstreu hineintun. Dann stimmt gleich von Anfang an wieder alles. Das sich in der Einstreu bildende Mikroklima unterstützt nämlich die Gesunderhaltung der Tiere. Bei täglicher Reinigung des Kotbretts, dem Heraussammeln großer Kothaufen aus der Einstreu und guter Lüftung bleibt die Luft angenehm – weit entfernt vom Klischee des stinkenden Hühnerstalls.

Bei Ministällen können Sie auch einmal die Woche die komplette Einstreu erneuern. Einstreu mit Hühnerkot kann – zusammen mit anderen Gartenabfällen – kompostiert werden.

Sitzstange und Kotbrett

Die Sitzstange ahmt den Baum nach, in dem die Urahnen unserer Haushühner geschlafen haben. Der erhöhte Platz vermittelt ihnen Sicherheit vor auf dem Boden herumschleichenden Feinden. Am einfachsten lässt sich die Sitzstange aus einer rechteckigen, etwa 5 cm breiten Dachlatte herstellen. Aber auch hier gilt wieder: Menschenverstand einsetzen und zierlichen Hühnchen etwas schmalere Sitzstangen anbieten, großen Brummern einen Zentimeter mehr gönnen. Hobeln Sie die Kanten auf alle Fälle etwas ab. Die Aufhängung sollte möglichst einfach und „schnörkellos" sein. In jeder Ritze und jedem Zierelement können sich Milben und Co. verstecken und des Nachts die Hühner plagen. Je einfacher die Stangenkonstruktion, desto leichter fällt es, sie einmal im Jahr oder bei starkem Ungezieferbefall zu desinfizieren oder auch ganz auszutauschen. Dass sie fest und sicher befestigt sein muss, versteht sich von selbst. Bringen Sie sie mit einem Abstand von etwa 25–30 cm zur Wand an und rechnen Sie grob über den Daumen gepeilt mit 20 cm Breite pro Huhn.

Unter die Sitzstange kommt ein sogenanntes Kotbrett, das sind entweder mehrere Holzbretter nebeneinander oder besser eine Platte mit einer möglichst glatten Oberfläche. Eine Siebdruckplatte aus dem Baumarkt oder eine alte Küchenarbeitsplatte bieten sich an. Da Hühner während der Nacht viel koten, fällt alles auf das Brett und nicht in die Einstreu auf dem Boden. Morgens sollte der Kot dann abgekratzt und entsorgt werden. Wird das Kotbrett mit Einstreu belegt, dauert die Prozedur nur wenige Minuten. Haben Sie Holzasche, dann streuen Sie diese auf das Brett. Das Kotbrett bringen Sie am besten etwa auf Tischhöhe und 15–20 cm unter der Sitzstange an. So können die allermeisten Hühner die Stange gut erreichen und Sie verrenken sich beim Saubermachen des Kotbretts nicht den Rücken.

Wenn Sie direkt über dem Kotbrett noch einen stabilen Holzrahmen befestigen, der mit sogenanntem Kotgrubengeflecht (aus dem Landhandel) bespannt wurde, nennt man das Kotbunker. Dieser müsste dann nicht unbedingt täglich gereinigt werden, der Nase tut es aber dennoch gut. Vorteil eines Kotbunkers: Die Hühner können nicht in den eigenen Kot hüpfen und ihn durch die Gegend tragen. Der Rahmen muss zur Reinigung klappbar oder abnehmbar sein.

Ein weich gepolstertes Nest liebt jede Henne.

Legenester

Wer den Hühnern einen eindeutigen Platz zum Eierlegen anbietet, erleichtert sich das Eierholen. Ansonsten würden die Hühner das Gebüsch im Auslauf oder die Einstreu wählen – und für Sie stünde jeden Tag die Eiersuche wie zu Ostern an. Vielen macht es Spaß, zwei oder drei Kästen selbst zu zimmern. Denn Legenester sind im Grunde nichts weiter als Kästen von etwa 35 × 35 × 35 cm. Ein paar Zentimeter hin oder her spielen keine Rolle. Vielleicht finden Sie ja auch entsprechende fertige Holzboxen im Baumarkt, die Sie in etwa 50 cm Höhe über dem Boden in einer ruhigen, möglichst dunklen Stallecke anschrauben. Günstig ist, wenn Sie im unteren Bereich ein circa 10 cm hohes Brett vor die Öffnung schrauben. Damit verhindern Sie, dass die Henne beim Verlassen des Nests die halbe Einstreu mit hinauszerrt. Man rechnet fünf Hennen auf ein Legenest, wobei man aber immer mindestens zwei Nester haben sollte (also auch bei fünf Hennen zwei Nester).

Falls Junghennen, die mit dem Eierlegen beginnen, nicht gleich Sinn und Zweck des Legenests erkennen und ihre Eier sonstwo ablegen, helfen ein paar sogenannte Nesteier aus dem Landbedarf. Das sind künstliche Eier aus Gips oder Kunststoff, die Sie ins Legenest legen, um den Hennen den Weg zu weisen. Meist checken sie es aber von allein.

Als Einstreu für die Nester – nicht zu verwechseln mit der Einstreu für den Stallboden (Seite 19) – eignet sich zum Beispiel kurz geschnittenes Stroh.

Hühner legen nicht jeden Tag

Je nach Rasse legen Hennen 100 bis über 200 Eier im ersten Legejahr, danach nimmt die Zahl kontinuierlich ab (Seite 37). Die Legeleistung ist nicht gleichmäßig über das Jahr verteilt. Im Winter legen Hühner naturgemäß nicht so viel wie im Sommer, manche auch gar nicht – das hat mit der Tageslänge zu tun. Wer im Winter trotzdem Eier möchte, muss den Hühnern eine längere Tageszeit vorgaukeln, das heißt, den Tag mit einer Lichtquelle im Stall auf 14 Stunden „verlängern“. Eine einfache Leuchte genügt dafür. Jedoch greift man damit in den natürlichen Rhythmus ein – überlegen Sie, ob Sie das möchten. Während der Mauser legen die Tiere ebenfalls sehr wenig (Seite 35), hier helfen keine Tricks, man muss seinen Hennen einfach diese Zeit gönnen.

In einer solchen Tränke aus dem Landhandel bleibt das Wasser immer sauber.

Bei diesem speziellen Trog wird das Herausschleudern von Futter verhindert.

Futter- und Wasserbehälter

Hühner benötigen drei Arten von Gefäßen: Tränken für Wasser, einen Futterautomaten für Körnerfutter und einen Trog für Weichfutter. Die Gefäße sind mehr als bloße „Töpfe", sie haben ein speziell für die Hühnerfütterung entwickeltes Design. Sie erhalten alles im Land- oder Futterhandel.

Die Tränke kann mit Wasser auf Vorrat befüllt werden. Es läuft selbstständig in eine Rinne und verhindert, dass das Wasserreservoir durch Einstreu oder Kot verschmutzt wird. Toll ist es, wenn Sie zwei Tränken haben. So können Sie sie am besten täglich wechseln und die jeweils andere zum Trocknen in die Sonne stellen. Benutzte man immer dieselbe Tränke, würde in ihr ununterbrochen ein feuchtes Klima herrschen – eine Brutstätte für Bakterien. Das Austrocknen zwischendurch macht ihnen den Garaus.

Auch die Futterautomaten sind eine saubere Sache: Ein Vorratsbehälter wird mit Futtermehl oder Pellets gefüllt, es gelangt von dort aus in eine Rinne zum Fressen und rieselt selbstständig nach.

Das Weichfutter kann für wenige, streitunlustige Hühner in einem normalen, wegen der Standfestigkeit möglichst schweren Topf oder länglichen Trog gefüttert werden. Alle Tiere müssen gleichzeitig fressen können! Am besten kaufen Sie Futtertröge mit Bügel. Hier muss die Henne ihren Kopf zum Fressen zwischen zwei Drahtbügel „einfädeln" und kann somit nicht mehr nach der Nachbarin hacken.

Futter- und Wasserbehälter sollten erhöht aufgestellt werden, damit keine Einstreu in die Rinne fallen kann. Außerdem ist das Trinken für die Hühner so komfortabler. Je nach Größe des Huhns machen sich ein oder zwei Reihen Mauersteine oder ein Kalksandstein als Podest gut. Futterautomaten kann man auch an einer langen Kette von der Stalldecke herabhängen lassen.

Neben den Futter- und Wasserbehältern sollten Sie auch einen Gritkasten an der Stallwand befestigen – zumindest bei kleinen Ausläufen und längeren Aufenthalten im Stall. Grit (Magensteinchen, Seite 34) ist wichtig für die Verdauung der Hühner.

Sandkiste

Hühner müssen für ihre Gesunderhaltung in trockenem Sand „baden" können (mehr dazu auf Seite 28). Bei lang anhaltendem Regenwetter oder in Zeiten von Stallpflicht sollten Sie Ihren Tieren die Möglichkeit für ein Sandbad im Stall geben. Stellen Sie eine Holzkiste, die 20–30 cm hoch mit trockenem Sand oder gesiebter Gartenerde gefüllt ist, in den Stall und der Fall ist erledigt!

Das Staubbad ist der bevorzugte Platz von Luna.

Luna rauf, Coco runter – Gedränge auf der Hühnerleiter.

Ausschlupf und Windfang

Denken Sie besonders bei Stall-Neubauten oder Modifikationen von Gartenhäuschen daran, einen Ausgang für die Hühner zu schaffen. Entweder die Tür öffnet in den Auslauf hinein, sodass diese geöffnet und gegen Zuschlagen gesichert werden kann. Oder aber Sie machen einen sogenannten Ausschlupf, sprich ein Loch in die Wand (wegen der Tiefstreu 20 cm über dem Stallboden!). Damit der Wind nicht in den Stall pfeift, können Sie vor dem Ausschlupf eine Art Kasten oder Minihäuschen mit seitlicher Öffnung anbringen. Durch diesen Windfang sind die Hühner gezwungen, auf ihrem Weg nach draußen „um die Ecke" zu gehen; Wind und Wetter bleiben weitgehend draußen! Der Ausschlupf muss unbedingt verschlossen werden können.

Ein Wintergarten bringt Vorteile

Ein Wintergarten ist kein Muss bei der Hühnerhaltung, aber eine Option mit vielen Pluspunkten. Der Name Wintergarten ist verwirrend, da es kein Glasanbau ist. Der ebenfalls verwendete Begriff Kaltscharrraum ist da schon passender. Es handelt sich dabei um eine Art Voliere, deren Wände mit so kleinmaschigem Geflecht bespannt sind, dass keine Wildvögel hindurchschlüpfen können. Das Dach darf nicht aus Geflecht bestehen, sondern muss undurchlässig sein. So hat Wildvogelkot keine Chance, in den Hühnerbereich zu gelangen.

Unter Umständen wird solch ein Raum von den Behörden als Anbau angesehen, weil er ein festes Dach besitzt. Erkundigen Sie sich bitte bei der Gemeinde, ob eine Baugenehmigung oder Bauanzeige nötig ist. In solch einen Wintergarten dürfen Sie Ihre Hühnern auch bei angeordneter Stallpflicht bei Vogelgrippe-Gefahr lassen. Die Vorteile liegen auf der Hand: Die Tiere können frische Luft und Sonnenlicht tanken und haben mehr Platz, als sie im Stall allein hätten. Auch bei anhaltender Nässe und im Winter, wenn Sie entscheiden, dass der Auslauf durch die Hühner zu arg leiden würde, ist der Wintergarten ein annehmbarer Kompromiss. Er bildet eine Art Schleuse zwischen Stall und Auslauf. Zu „normalen“ Zeiten gelangen die Hühner durch den Wintergarten hindurch in den Auslauf. Bei Stallpflicht oder Mistwetter ist an der Wintergarten-Tür Schluss.

Als Boden bietet sich eine tiefgründige Sandschicht an, denn hier kann Hühnerkot gut herausgerecht werden. Rasen wird aufgrund der regenundurchlässigen Überdachung und der starken Beanspruchung nicht wachsen.

„Ab in den Stall – vielleicht wartet dort eine besondere Köstlichkeit auf mich.“

Walking on sunshine

Der Auslauf bedeutet für die Hühner eine ganze Welt: Selbstbedienungsrestaurant, Beautysalon, Abenteuerspielplatz und Fitnesscenter. Je größer der Auslauf, umso besser. Aber nicht jeder kann große Gartenflächen für die Hühner abzwacken.

Luna zupft die frischen Grashalmspitzen ab.

Eine genaue Quadratmeterzahl an Auslauffläche pro Huhn kann man nicht pauschal angeben – es kommt auf die Größe und vor allem auf das Temperament der gewählten Hühnerrasse an. Antwerpener Bartzwerge, Bantam, Chabo, Federfüßige Zwerghühner, Seidenhühner, Zwerg-Cochin und Sebright sind Rassen, die mit dem wenigsten Platz zurechtkommen. Bei unter 1 m² Freifläche pro Huhn sollte man jedoch lieber selbst bei diesen Rassen von der Hühnerhaltung absehen.

Was gehört hinein? Was gilt es zu beachten?

Im Auslauf können die Hühner lebensnotwendige Sonne tanken, Grünzeug, Kleingetier und die für die Verdauung wichtigen Magensteinchen fressen, ihr Gefieder von Parasiten befreien und sich Bewegung verschaffen (verhindert wie beim Menschen ungewollte Fettpölsterchen).

Wichtig ist, dass der Auslauf nicht staunass ist und die folgenden drei Komponenten enthält: Gras, Sonnen- und Schattenplätze. Das Gras sollte regelmäßig gemäht werden, denn die Hühner picken nur die zarten Grasspitzen ab. Außerdem führt häufiges Mähen zu einer geschlossenen Rasennarbe, die wiederum dem Scharren der Hühner besser standhält als ein Grasbüschel hier, ein Grasbüschel dort. Für Schatten sorgen Sie am schönsten und natürlichsten mit Büschen oder kleinen Bäumen, diese kommen auch dem Instinkt der Hühner zugute, darunter Deckung zu suchen. Außerdem beugt ein strukturreicher Auslauf Langeweile vor. Denn diese führt zu Unarten wie gegenseitigem Picken oder „Gedanken", ob das Gras auf der anderen Seite des Zauns wohl grüner wäre und man mal hinfliegen sollte ... Für weitere Abwechslung können Sie immer mal wieder für Überraschungen in Form von hineingelegten Baumstümpfen oder Ästen sorgen. Die Hühner werden alles genau inspizieren.

Bei sehr kleinen Ausläufen sollten Sie überlegen, die Hühner zeitweise im Garten herumspazieren zu lassen. Wählen Sie eine Rasse mit Federn an den Füßen, hält sich das Problem des Scharrens in Grenzen (Ihren Salat werden Sie dennoch mit den freilaufenden Hühnern teilen müssen). Gut wäre auch ein versetzbarer Auslauf (mehr dazu erfahren Sie auf Seite 29 zum Thema Wechselauslauf). Im Auslauf kann man auch eine Sandkiste zur Gefiederpflege anbieten (Sandbad, Seite 28).

Wenn das Wetter nicht mitspielt

Im Winter bei geschlossener Schneedecke oder Schneematsch und während längerer Regenperioden sollten Sie Ihre Hühner nicht rauslassen – nicht weil die Hühner empfindlich wären, sondern um die Grasnarbe im Auslauf zu schonen. Sonst gibt es schnell eine Schlammwüste.

Bei wenigen Hühnern können die Hinterlassenschaften im Garten problemlos eingesammelt werden.

Berta, Luna und Coco relaxen in der Frühlingssonne – so sieht ein glückliches Hühnerleben aus.

Umzäunung

Wo sich regelmäßig die Geister scheiden, ist die Frage nach der Zaunhöhe. Sieht man von den Seidenhühnern einmal ab, können alle Hühner fliegen. Und wenn sie sich erschrecken, sogar erstaunlich hoch, da wächst manches Huhn über sich hinaus. Es gibt aber Erfahrungswerte, welche Hühnerrassen lieber und welche nicht so gerne fliegen. Das wird jeweils bei den Rasseporträts ab Seite 38 beschrieben.

Grundsätzlich kann man sagen, dass schwere, vom Temperament her ruhige Hühner weniger fliegen als leichte, agile Rassen. Zaunhöhen zwischen 1,20 und über 2 m bilden diese Spanne ab. Eine absolute Sicherheit gibt es auch mit 2 m hohen Zäunen nicht. Wer ganz sicher gehen will, muss den Auslauf auch von oben begrenzen, zum Beispiel durch gespannte Netze.

Nicht nur die Rasse entscheidet über das Flugvermögen, auch die Begabung des einzelnen Tieres spielt eine Rolle. So wie es bei den Menschen Olympiasieger gibt, gibt es bei den Hühnern ebenfalls „Ausnahmetalente". Wenn gar nichts mehr hilft, kann man diesen Exemplaren die Flügelfedern stutzen. Genau genommen wird dabei nur ein Flügel gestutzt, damit die Tiere beim Fliegen „Schlagseite" bekommen. Wie es geht, sehen Sie auf den Fotos auf der gegenüberliegenden Seite. Jedoch sollte das Flügelstutzen nur die Ausnahme sein, eine Alternative für einen passenden Zaun ist es nicht.

Sandbad

Hühner legen sich mit Vorliebe unter einem sonnenbeschienenen Busch ein Sandbad an: Durch Scharren lockern sie die Erde, legen sich genüsslich in eine Kuhle und pudern sich mit verrenkenden Bewegungen mit Sand ein. Diese Prozedur hält ihnen Parasiten vom Leib – und wenn man sie so dabei beobachtet, kommt man nicht umhin zu behaupten, dass es ihnen auch Spaß macht. Möchten Sie die Entscheidung für den Ort des Geschehens nicht den Hühnern überlassen, sondern selber bestimmen, errichten Sie ihnen ein Sandbad! Stellen Sie dazu in möglichst sonniger Lage einen Kasten auf, zum Beispiel einen kleinen Kindersandkasten, und füllen diesen mit trockenem Sand oder feiner Erde. Günstig ist, wenn Sie etwas kalte Holzasche aus dem Lagerfeuer oder dem Kaminofen dazugeben. Die Asche wirkt zusätzlich gegen Plagegeister im Gefieder. Das Sandbad sollte überdacht werden, damit der Sand schön trocken bleibt und die Tiere Ihre Konstruktion auch annehmen.

Ein Wechselauslauf wäre optimal

Immergrün ist immer schön! Da es nun einmal in der Natur der Hühner liegt, zu picken und zu scharren, sieht der Auslauf mancherorts eher nach Ödnis denn nach grünem Paradies aus. Abhilfe schafft ein Wechselauslauf – der Traum eines jeden Huhns und Geflügelhalters. Dazu wird der Auslauf in zwei oder mehr Parzellen geteilt, entweder mit festen Zäunen oder mobilen Geflügelzäunen. Die Hühner dürfen immer nur in einen Bereich, während sich die andere Fläche erholt, dann wird gewechselt. So kriegen die Hühner immer frisches Grün unter die Füße und in den Schnabel. Voraussetzung ist natürlich eine gewisse Größe der Fläche, sodass das Parzellieren Sinn macht, und eine gute Erreichbarkeit der einzelnen Parzellen. Sinnvoll ist, alle am Wintergarten oder einem anderen Vorplatz am Stall beginnen zu lassen und den Zugang durch verschiedene Türen zu ermöglichen.

1 Während die Armschwingen zum Körper hin zeigen, streben die Handschwingen vom Körper weg. **2** Die Handschwingen werden abgeschnitten, etwa drei Zentimeter über der Federwurzel. **3** Um die Flugunfähigkeit zu bewirken, werden nur die Handschwingen beschnitten – und nur auf einer Seite.

Füttern und gesund erhalten

„Gut gepflegt, Ei gelegt!“, so könnte man die Kooperation von Mensch und Huhn auf einen Nenner bringen. Das Schöne an Hühnern ist, dass die Tiere wunderbar mit sich selbst zurechtkommen.

„Mal schauen, welchen Leckerbissen Frauchen heute wieder dabei hat …“ – so werden Hühner bald zahm.

Hühner leben ein komplexes Miteinander mit einer Rangordnung, der sogenannten Hackordnung, und vielseitiger Kommunikation. Den Menschen brauchen sie für ihr Sozialleben nicht. Satt, sauber und gesund erhalten – das sind des Betreuers einzige Aufgaben.

Am besten ist, Sie fahren vor dem Einzug der Hühner zu einem Futterhandel, einer Futtermühle oder einem Landhandel und decken sich mit Trögen und Tränken, Einstreu und Futter, Desinfektionsmittel und Präparaten für die Hühner-Notfallapotheke ein. Hier

können Sie sich über die verschiedenen Produkte und Preise beraten lassen. Die verschiedenen Futtervarianten werden zunehmend auch in Bio angeboten, zu einem höheren Preis versteht sich.

Essen und Trinken

Hühner sind keine Gourmets, sie sind Allesfresser. Sie vertilgen sowohl Pflanzliches wie Getreidekörner und Grünzeug, Obst und Gemüse als auch Tierisches, vor allem selbst gefangene Insekten und Würmer, aber auch in geringem Maße Essensreste aus der Küche. Die pflanzliche Kost nimmt den größten Teil der Ernährung ein.

Körnerfutter

Körnerfuttermischungen bilden das Hauptfutter der Hühner. Da die allermeisten Halter Wert auf Eier legen, sind Sie mit Legehennenfutter gut beraten – auch bei Zweinutzungs-, Fleisch- und Zierhuhnrassen. Und natürlich darf auch der Hahn mitessen. Für Anfänger ist es am unkompliziertesten, fertiges Legehennenalleinfutter zu kaufen. Es ist meist auf der Basis von Soja hergestellt – hier sollte man auf gentechnikfreie Produkte achten. Beigemischt sind unter anderem Weizen und Mais sowie Vitamine und Mineralstoffe. Beim Alleinfutter bekommt das Huhn alles, was es braucht, wenn es zusätzlich auch noch im Auslauf Grünzeug und Insekten findet. Das Alleinfutter gibt es als Mehl oder Pellets. Welchem Sie den Vorzug geben, ist reine Geschmackssache. Beim Mehlfutter können die Hühner kaum selektieren und die Futteraufnahme dauert wegen der schrot- bis mehlfeinen Beschaffenheit länger, weshalb die Tiere länger beschäftigt sind und nicht so schnell auf dumme Gedanken kommen, wie gegenseitiges Federpicken. Pellets sind in Form gepresstes Futter. Hier sieht erst recht jedes Futterteilchen aus wie das andere, ein Selektieren ist ausgeschlossen. Allerdings sind die Tiere schneller satt gefressen.

Klara pflückt Blümchen: Vielleicht versteckt sich hier eine Köstlichkeit.

Wer etwas Geld sparen möchte, kann auch eine reine Getreidemischung kaufen und ein Ergänzungsfutter für Legehennen zumischen. Im Futterhandel werden Sie zu Produkten und Mischungsverhältnissen beraten. Die Körner sollten Sie jedoch zuvor schroten (lassen), denn bei der Fütterung von ganzen Körnern suchen die Hühner sehr aus und lassen unbeliebte Körner eher liegen. Alternative: Sie füttern knapp. In der Regel wird Legehennenfutter aber, egal ob Alleinfutter oder Getreide plus Ergänzungsfutter, den Hühnern ständig zur freien Verfügung angeboten. Hin und wieder sollte man den Trog vollständig leer fressen lassen. Am Abend werfen Sie Ihren Hühnern etwas Getreide in die Einstreu. Sie werden es gierig fressen und der Kropf wird über Nacht gefüllt sein.

Scharren und picken – gerade unter Sträuchern finden die Hühner allerlei Leckeres.

Grünfutter

Neben den Körnern spielt Grünzeug eine große Rolle bei der Geflügelernährung. Optimal ist, wenn die Tiere einen so großen grasbewachsenen Auslauf haben, dass sie ständig Grünes picken können. Falls Ihr Gras mit dem Picken und vor allem dem Scharren der Hühner zu kämpfen hat und Ihr Auslauf in eine Matschwüste umzukippen droht, überlegen Sie einmal, ob Sie einen Wechselauslauf ermöglichen können (Seite 29).

Um die Grünfutterversorgung zu unterstützen, können Sie Grünes aus dem Garten verfüttern, zum Beispiel Topinambur- oder Sonnenblumenstängel zum Abpicken der Blätter (natürlich auch die ganzen Sonnenblumen-Blütenstände mit den ausgereiften Sonnenblumenkernen darin), ausgewachsenen Salat oder Amarant (Fuchsschwanz) und Melde, die häufig als unkrautähnliche Stauden den Garten unsicher machen usw. Seien Sie erfinderisch, was die Futtervielfalt angeht! Sie wandeln gerade ein Stückchen Rasen in ein Blumenbeet um? Perfekt! Legen Sie die ausgestochenen Rasensoden in den Hühnerauslauf: Neben dem saftigen Grün locken auch die frische Erde und die darin versteckten Proteinleckerbissen in Form von Larven und Käfern.

Vitaminstoß im Winter

Da Gras und sonstiges Grünzeug im Winter zumeist Mangelware sind, kann man im Frühjahr und Sommer vorbauen und einen Vitaminvorrat für den Winter anlegen. Trocknen Sie Brennnessel-Bündel und verfüttern Sie sie im Winter. Entweder als Bund in den Stall zum Abpicken hängen oder die Blätter abstreifen und rebeln. Dieses Brennnesselmehl können Sie ins Krümelfutter mischen.

Zusätzliche Mahlzeiten aus Garten und Küche

Neben dem fertigen Hühnerfutter können Sie Reste vom Gemüse- und Obstputzen, in Blüte geschossenen Kohl oder Rüben mit Fraßspuren aus dem Garten und und und bei den Hühnern „loswerden". Viele Dinge, die sonst in die Biotonne wandern würden, können Sie den Hühnern geben. Natürlich darf es nichts Verdorbenes, Fauliges oder Schimmliges sein. Als Richtschnur könnte man sagen: „Ich gebe den Hühnern das, was ich selbst noch essen könnte – aber nicht essen mag, weil ich anderes ‚perfektes' Gemüse und Obst habe."

Salatstrünke und leicht gelbe Blätter, Apfelgehäuse, schlappe Möhren und Möhrenschalen, Obst mit Druckstellen – dies alles wird auf helle Begeisterung stoßen. Und ganz nebenbei sorgen Sie damit für eine abwechslungsreiche Ernährung. Auch, wer

„Hm, wie komme ich nur an den eingesperrten Salat?“

seine Hühner zahm bekommen möchte, wird sich mit diesen Leckereien aus der Hand schnell beliebt machen. Damit die Tiere das Futter gut aufpicken können, sollten Sie vor allem Gemüse klein schneiden oder – das geht schneller – in den Blitzhacker werfen und grob häckseln. Übrigens, liebe Hobbygärtner: Dieser „Umweg“ der Biomasse durch den Hühnerkörper ist eine klasse Sache! Statt Apfelschalen und Brokkolistrünke direkt auf den Kompost zu geben, wird der Hühnermist kompostiert – ein Nährstoffturbo für Ihre Pflanzen!

Klassiker des billigen Zufütterns ist auch altbackenes (aber kein angeschimmeltes!) Brot. Es wird scheibenweise getrocknet, damit es sich gut lagern lässt. Möchten Sie es verfüttern, weichen Sie ein paar Scheiben in Wasser ein und drücken es anschließend gut aus. Der Brotteig ist nun krümelig und kann solo oder beispielsweise mit geriebener Möhre oder anderem Obst und Gemüse,

Gruß aus der Küche

Die folgenden Reste aus der Küche können Sie Ihren Hühnern „nebenbei“ füttern. Hauptfutter sollte handelsübliches Hühnerfutter sein.

- **gekochte Kartoffeln, Reis oder Nudeln**
- **eingeweichtes, gut ausgedrücktes Brot**
- **Haferflocken und andere Getreideflocken**
- **Reste vom Gemüseputzen**
- **geraspelte Möhren, Rote Bete, Sellerie, Topinambur**
- **unbehandelte Obstschalen und -gehäuse**
- **klein geschnittene Stiele von Küchenkräutern**
- **ab und zu etwas Quark, Joghurt oder Buttermilch**
- **Wurstzipfel**
- **Reste vom Festessen: eine Geflügelkarkasse zum Abpicken als besonderer Leckerbissen**

Achtung bei Gras und Kartoffelschalen

Hühner sind im Großen und Ganzen unkomplizierte Esser. Aber da sie nicht kauen können, haben Sie Probleme, langes Gras klein zu kriegen. Es sammelt sich häufig als Knäuel im Kropf und kann nicht recht weitertransportiert werden. Sofern der Tierarzt nicht rechtzeitig hilft, gehen die Tiere jämmerlich zugrunde. Daher sollten Sie den Hühnern kein langes Gras verfüttern. Bereiche im Auslauf, auf denen längeres Gras wächst, sind kein Problem, da die Tiere hier lediglich die Grasspitzen abpicken.
Außerdem sind rohe Kartoffelschalen für Hühner giftig. Diese müssen vor dem Verfüttern einige Minuten gekocht werden.

gehackten Brennnesseln etc. verfüttert werden. Das nennt man Krümelfutter – und der Name verrät die optimale Konsistenz. Das Futter darf weder breiig noch suppig sein. Zu dieser Art des Futters sagt man auch Weichfutter (im Gegensatz zu den harten Körnern). Wichtig ist, dass Sie Weichfutter in einem extra Trog verfüttern. Alles, was die Tiere nach 30 Minuten nicht aufgefressen haben, werfen Sie weg. Das gilt vor allem im Sommer. Dann reinigen Sie den Trog gut und lassen ihn bis zur nächsten Mahlzeit trocknen. Hygiene muss großgeschrieben werden, sonst säuern die Reste und die Hühner verderben sich den Magen.

Gleichberechtigung

Wichtig ist, dass das Futter so angeboten wird, dass alle Tiere gleichzeitig fressen können. Sonst bliebe für die rangniederen Hühner kaum Futter oder nur die minderwertigeren Bestandteile übrig. Manchmal lohnt es sich, zwei Futtergefäße aufzustellen, damit die Rangeleien ein Ende haben.

Grit

Hühner fressen nicht wie Hund oder Katze. Da sie keine Zähne haben, können sie Körner und Co. nicht zerkauen. Sie schlucken das Futter stattdessen bis in den Kropf, dort wird es eingeweicht und gelangt später über verschiedene Stationen bis in den Muskelmagen. Im Muskelmagen zermahlen kleine Steinchen die Nahrung. Hühner sind darauf angewiesen, den Vorrat an Magensteinchen regelmäßig aufzufüllen, sprich: Hühner fressen Steine! Deshalb sollten Sie, sofern Sie keinen großen Auslauf haben, in dem die Tiere Steinchen aus der Erde aufnehmen können, Grit aus dem Fachhandel anbieten.

Wasser

Wasser muss ständig zur Verfügung stehen! Hühner sind da erstaunlich wählerisch. Es darf weder verschmutzt noch zu warm sein. Sie sollten das Wasser jeden Tag erneuern (und die Tränke dabei reinigen), bei großer Hitze auch mehrmals täglich. Denn das Wasser darf nicht zu warm werden, dann trinken es die Hühner nicht gern, zeigt die Erfahrung.

„Hoffentlich merken die anderen nicht, was ich hier gefunden habe."

Günstig ist, wenn Sie zwei Tränken besitzen, dann können Sie sie in regelmäßigen Abständen zum Austrocknen wegstellen. Das hilft gegen Bakterien (mehr dazu auf Seite 22).

Im Winter läuft man Gefahr, dass das Wasser einfriert. Ein elektrischer Tränkenwärmer aus dem Fachhandel verhindert das.

Übrigens: Im Gegenzug zu Enten baden Hühner nicht. Wohlmeinende „Planschbecken"-Angebote zum Abkühlen im Sommer werden von den Hühnern als XXL-Tränke missverstanden und verschmutzt.

Ein Wassernapf im Garten wird gern als Tränke genommen.

Wann, wo und wie oft füttern?

Da die Hühner das Alleinfutter ständig im Angebot haben und somit niemals Hunger leiden, spielt es eigentlich keine Rolle, wann Sie ihnen zusätzliches Futter geben. Wünschenswert wäre, es ihnen jeden Tag ungefähr zur selben Zeit zu servieren. Hühner (und ihre Halter meistens auch) lieben Routine. Viele Hühnerhalter füttern Krümelfutter oder Ähnliches morgens, wenn sie den Stall öffnen und das Kotbrett vom Nachtkot säubern – so kann man die wichtigsten täglichen Arbeiten kurz und knapp in einem Wisch erledigen. Wenn beim Unkrautjäten oder Ernten Grünes anfällt, kann das zwischendurch in den Auslauf geworfen werden – eine willkommene Abwechslung im Hühneralltag. Am Abend kurz vor dem Schlafengehen gibt es noch eine Handvoll Weizenkörner oder eine Getreidekörnermischung in die Stalleinstreu. So kommen die Hühner freudestrahlend in den Stall (wenn sie ihn nicht sowieso schon aufgrund der einsetzenden Dämmerung aufgesucht haben), scharren und picken noch ein bisschen, während Sie in aller Ruhe den Stall verschließen können. Und die Hühner ziehen sich anschließend mit gefülltem Kropf zufrieden auf ihre Stangen zurück – gute Nacht!

Körner- und Weichfutter sollten stets im Stall gefüttert werden. Sonst lockt es Mitesser, wie Wildvögel, vor allem freche Spatzen, und mitunter Ratten an. Auch die Tränke sollte im Stall stehen.

Mauser

Wenn sich der Mensch sprichwörtlich zu etwas mausert, ist das immer als Kompliment gemeint. Der Abschluss einer Entwicklung, eine Metamorphose stets zum Guten. Und das Huhn? Auch das steht hinterher viel besser da als vorher!

Aber was passiert bei der Mauser? Alte, abgenutzte Federn werden abgestoßen und neue gebildet – ähnlich wie dem Fellwechsel bei Hund und Katze. Das ist ein ganz natürlicher Prozess. Die Mauser findet etwa im Herbst statt, damit das neue, voll funktionsfähige Federkleid für die kalte Jahreszeit zur Verfügung steht. Die Mauser kann von Jahr zu Jahr und von Tier zu Tier unterschiedlich verlaufen: entweder kontinuierlich über einen längeren Zeitraum oder kurz und heftig – und dann sehen die Tiere zeitweise besonders ramponiert aus. Sie können sich denken, wie kräftezehrend diese Prozedur ist. Darum hat sicher jeder Hobbyhalter Verständnis, dass die Hennen während dieser Zeit keine Eier legen und besonders energie- und vitaminreiches Futter brauchen. Gönnen Sie ihnen während dieser

Zeit auch möglichst Ruhe: Bitte keine Umbauten am Stall vornehmen oder neue Hühner in die Gruppe bringen, die Erneuerung des Federkleides bereitet den Tieren schon genug Stress. Nach vier bis sechs Wochen ist der Spuk vorbei und die Tiere erstrahlen in neuer Farbenpracht und mit neuer Motivation zum Eierlegen.

Krankes Huhn: Vorbeugen und Kurieren

Freude hat man nur mit gesunden Tieren. Das ist bei Hühnern genauso wie bei Hund und Katze. Selbst bei größter Vorsicht und idealen Rahmenbedingungen kann es aber vorkommen, dass ein Huhn einmal krank wird. Auch wenn der finanzielle Wert eines Huhns in der Regel eher gering ist, sollte man ihm natürlich die nötige Sorgfalt und Fürsorge zukommen lassen. Dazu zählt auch der Gang zum Tierarzt – wenn man denn das Glück hat, in seiner Nähe einen Tierarzt zu haben, der sich mit Geflügel auskennt … Ein erfahrener Züchter kann bei einfachen Symptomen oftmals aushelfen.

Allzu nervös sollte man aber nicht gleich werden. Einmal Niesen macht noch keinen Geflügelschnupfen und etwas dünner Kot ist noch kein Hinweis auf eine Durchfallerkrankung. Lassen Sie auch hier Ihren gesunden Menschenverstand walten! Was zu Beginn der Hühnerhalterkarriere bei Ihnen vielleicht noch zu größerer Unruhe führt, lässt Sie spätestens im nächsten Jahr schon viel gelassener werden. Nicht selten gilt nämlich auch hier: Ohne Medikamente dauert es sieben Tage, mit Medikamenten eine Woche.

Wesentlich besser, als eine Krankheit zu behandeln, ist, sie erst gar nicht ausbrechen zu lassen. Eine geringe Besatzdichte, das heißt, lieber weniger als mehr Tiere, gute Haltungsbedingungen und eine vielfältige Fütterung sind hierzu die besten Voraussetzungen.

Geradezu ständige Begleiter in der Hühnerhaltung sind Kokzidien und Würmer. Beides sind Darmschmarotzer, die, wenn sie in geringem Umfang auftreten, das Tier nicht schädigen. Wenn sie aber überhand nehmen, muss man handeln. Eine Kotprobe, die wirklich jeder Tierarzt analysieren kann, ist hierfür die Basis. Einmal jährlich sollte diese Analyse gemacht werden. Am besten sammelt man hierfür frischen Kot von mehreren Stellen und bringt ihn dem Tierarzt. Bei einem positiven Befund erhält man vom Tierarzt entsprechende Medikamente, die man dann auch unbedingt nach Vorgabe einsetzen sollte.

Und sind die Hühner noch so gesund, ganz auf den Tierarzt können Sie nicht verzichten. Der Gesetzgeber schreibt die Impfung gegen Newcastle Disease vor, und zwar viermal jährlich. Hier merken Sie aber sehr bald, an wem sich die Gesundheitsvorsorge

Ohne Schwanzfedern und auch sonst ziemlich gerupft und „antriebslos" – die Mauser ist anstrengend.

orientiert. Der Impfstoff, der übers Trinkwasser gegeben werden muss, ist in der kleinsten Charge für 1000 Hühner zu bekommen. Glücklicherweise ist der Impfstoff vergleichsweise günstig, sodass man ihn sich auch für eine kleine Herde leisten kann. Eine Alternative kann sein, dass sich mehrere Hühnerhalter zusammenschließen und den Impfstoff gemeinsam nutzen. Ein entsprechendes Gespräch mit dem Tierarzt, der den Impfstoff zur Verfügung stellen muss, ist hierzu aber Voraussetzung. So oder so, diese Impfung ist verpflichtend.

„Das Auge des Züchters mästet das Tier!" – so lautet ein Spruch aus der Tierzucht. In übertragenem Sinn kann man auch sagen, dass der Hühnerhalter genau beobachten muss und mit zunehmender Erfahrung viele Dinge bereits im Vorfeld erkennen kann. Sie werden bald merken, wie schnell sich Ihr Wissen um das Wohlbefinden Ihrer Hühner steigert und Sie „einen Blick dafür" bekommen, wie es Ihren Hühnern geht.

Am Ende der Legezeit ...

Die größte Motivation, sich Hühner anzuschaffen, wird wohl die Aussicht auf frische, unbelastete Eier sein. Egal, ob Lege-, Fleisch-, Zweinutzungs- oder Zierhuhn: Jedes gesunde Huhn legt Eier! Erst viele, dann immer weniger und hört dann altersbedingt fast ganz damit auf – ein völlig natürlicher Vorgang. Es ist ein weit verbreiteter Irrtum: Ein Huhn legt eine stattliche Anzahl von Eiern bis zu seinem natürlichen Ende – das stimmt nicht! Rassehühner legen grob über den Daumen gepeilt (denn das differiert von Rasse zu Rasse und von Hühnerindividuum zu Hühnerindividuum) zwei, drei Jahre vernünftig. Bereits im zweiten Legejahr kommt schon keine Henne mehr an ihre Werte vom ersten Legejahr heran. Bei Hybridhühnern fällt die Legeleistung nach dem ersten Legejahr noch rapider ab (Seite 91). Spätestens ab dem vierten Jahr sieht es aber auch bei den Rassehühnern eiertechnisch mau aus. Und dann? Wer Hühner halten will, muss sich Gedanken darüber machen, was aus seinen Tieren werden soll, wenn sie keine Eier mehr legen.

Selbstverständlich können Sie Ihrem Federvieh den Lebensabend auf dem Hühnerhof gönnen. Hat man sich aber einmal an das frische Frühstücksei gewöhnt, fällt es schwer, wieder darauf zu verzichten. Eine Möglichkeit wäre, Junghennen dazuzukaufen. Das geht natürlich nur, wenn man die entsprechenden Flächen für mehr Tiere zur Verfügung hat und die Futterkosten aufbringen möchte. Man sollte aber auch bedenken, dass Hühner nicht auf ein langes gesundes Leben hin gezüchtet wurden. Altersbedingte Einschränkungen wie geringere Mobilität und weniger Durchsetzungsvermögen, die in einer Hühnerherde massive Probleme darstellen, machen den Tieren zunehmend zu schaffen und am Ende steht dann häufig die Erlösung durch den Tierarzt an.

Die andere Variante ist, das Huhn zum Ende seiner Legezeit zu schlachten und aus diesem vorzüglichen, eigenproduzierten Fleisch von wirklich glücklichen Hühnern ein Festmahl zu machen. Dankbarkeit und Respekt verlangen dann auch, dass man jedes Stück Fleisch nutzt und sich nicht nur die Rosinen, sprich Hühnerbrust und Keulen, herauspickt. Wer sich dafür entscheidet, sollte sich in ländlicher Umgebung umhören. Das Schlachten war früher auf dem Land eine Alltäglichkeit. Einige Alte beherrschen noch das Schlachten und zeigen Ihnen das Rupfen und Ausnehmen.

Schlachten oder nicht – das zeitige Nachdenken darüber ist ein Muss, finden wir. Denn diese Überlegungen gehören zur verantwortungsbewussten Tierhaltung einfach mit dazu.

Ich wollt, ich hätt ein Huhn …

Legende für den Kurz-Check

Typ: schwer, mittel, leicht

Legeleistung: gut, mittel, wenig

Eiergröße: groß, mittel, klein

Eierfarbe: braun bis tiefbraun, braun, hellbraun, türkis, weiß bis creme, weiß

Amrocks

Eierlegende Wollmilchsau – falls es so etwas unter den Hühnerrassen gibt, muss von Amrocks die Rede sein. Sie legen fleißig, sogar im Winter, und sind dabei anspruchslose und ruhige Gesellen. Hübsch gestreift sind sie obendrein.

Amrocks sind eine klassische Wirtschaftsrasse, sie wurden ursprünglich auf Leistung gezüchtet – sowohl auf Eier- als auch auf Fleischproduktion –, erst in zweiter Linie auf Schönheit. Und sie sind dennoch hübsch geraten: Jede einzelne Feder ist prägnant schwarz-weiß (oder genau genommen schwarz-hellgrau) quer gestreift, sodass das Gefieder von Weitem ein bisschen an Tweedstoff im Salz-und-Pfeffer-Muster erinnert. Charakteristisch ist auch die gemütlich-gedrungene Gestalt in Form einer liegenden Glocke. Amrocks beginnen früh mit dem Legen, sie legen viele Eier – mehr als 200 Stück im Jahr – und sie legen große Eier. Und wer mit dem Gedanken spielt zu schlachten, wird mit einer Menge zartem Fleisch belohnt. Ein Zweinutzungshuhn par excellence.

Die Rasse entstand in der zweiten Hälfte des 19. Jahrhunderts in den USA. Ihr Aufkommen war später eine willkommene Sensation in Deutschland. Nach dem Zweiten Weltkrieg musste man Eier und Hühnerfleisch importieren, weil die hiesigen Rassen den Bedarf nicht decken konnten – und plötzlich kam dieses kräftige, fleißig legende Superhuhn aus den USA daher! Der ursprüngliche Geheimtipp wurde bald zum Star auf dem Hühnerhof. Fairerweise muss man sagen, dass nicht nur Amrocks, sondern auch New Hampshires und Rhodeländer dieselben Begeisterungsstürme auslösten.

Und wie sind die Amrocks so im Alltag? Anspruchslos. Robust. Zutraulich. Ruhig. Ruhiger als Italiener oder Leghorn, zwei weitere beliebte Rassen, die sich „Superhuhn" aufs T-Shirt drucken lassen könnten, wenn sie eins tragen würden. Amrocks neigen kaum zum Fliegen, ein weiterer Pluspunkt.

Die Vertreter der Amrocks-Großrasse sind ansehnlich groß, um nicht zu sagen „Riesenviecher". Stellt man eine Amrockhenne neben ein Allerwelts-Hybridhuhn, erscheint die Hybride geradezu zart – das sollte man bei der Auswahl bedenken. Zudem haben die Großen auch mächtig Appetit. Klar, wer viel leistet und ordentlich Fleisch ansetzt, braucht massig Futter (aber auch nicht fett füttern, dann werden sie legefaul). Es liegt in der Natur der Dinge, dass diese Massen nach der Verwertung den Körper auch wieder verlassen müs-

Amrocks gibt es nur in einem einzigen Farbenschlag: schwarz-weiß gestreift.

sen. Aus diesem Grund sind bei kleinen Auslaufflächen, die schnell verschmutzen würden, Zwerg-Amrocks die bessere Wahl. Und die Zwerge strengen sich bei der Eiergröße auch richtig an – versprochen, Sie werden überrascht sein, wie groß die Eier der Kleinen sind! Wer sich einen Zwerg-Amrock-Hahn anschaffen will, sollte sich jedoch auf zur Größe überproportionales Gekrähe einstellen! Die großen Hähne haben derartige Lautstärken wohl nicht nötig, sie verschaffen sich Autorität durch ihre imposante Erscheinung.

Übrigens: Amrocks sind kennfarbig, das heißt, bei Eintagsküken kann man bereits das Geschlecht erkennen – bei den allermeisten anderen Rassen funktioniert das erst Wochen später. Hennen haben einen klar begrenzten hellen Fleck auf dem Kopf, bei Hähnen verläuft dieser diffus. Für den Hühnerhalter-Neuling bietet es sich allerdings nicht unbedingt an, mit Küken zu starten. Mit Junghühnern fällt der Einstieg in die Hühnerhaltung leichter. Wer sich nicht abhalten lassen möchte, sollte noch wissen, dass einige Amrocks an der sogenannten Asiatischen Gefiederbremse leiden. Obwohl leiden vielleicht nicht das richtige Wort ist. Die genetisch bedingte Gefiederbremse bewirkt einfach, dass die Küken auf ihrem Weg zum Jungtier ihr Gefieder langsamer aufbauen als Klassenkameraden anderer Hühnerrassen – besonders die Hähne. Den Tieren selbst macht es nichts aus, auch ist das kein Zeichen von Krankheit oder Schwäche. Sie sind genauso mopsfidel wie die anderen, sehen zwischenzeitlich nur ramponiert aus. Sobald die Federn da sind, erinnert sich keiner mehr ans hässliche Entlein, ähh Hühnchen.

Antwerpener Bartzwerge

Diese aus Belgien stammende Rasse macht nicht unbedingt durchs Eierlegen auf sich aufmerksam, sondern durch Charme und Schönheit. Die kleinen Hühnchen sind keck und neugierig, mit denen ist immer was los im Hühnerhof.

Ein voller Rauschebart ist das Kennzeichen der Antwerpener Bartzwerge.

Ihr Name verrät es: Hier wird Bart getragen (jawohl, auch Damenbart) – und das mit stolzgeschwellter Brust! Damit wären die typischen Merkmale der Antwerpener Bartzwerge auch schon zusammengefasst: eine aufgerichtete Haltung mit vorgestreckter Brust und ein dichter Bart, der an Pausbäckchen erinnert. Der Züchter unterscheidet noch in Backen- und Kinnbart – Hühner mit „Vollbart" ist die Assoziation des Laien. Mit Bart- und Halsfedern sind die Tiere also reich gesegnet, was die vordere Körperpartie fülliger und den hinteren Teil schmaler erscheinen lässt. Leicht skurrile Proportionen, muss man sagen. Eine weitere optische Besonderheit sind die gesenkt getragenen Flügel. Verbunden mit ihrem trippelnden Gang sind Antwerpener Bartzwerge unverwechselbare Gesellen.

Reinrassiger Farbkreuzungshahn.

Antwerpener Bartzwerge, wie diese silberwachtelfarbenen Hennen, werden schnell zutraulich.

Die Rasse wird offiziell in 24 schönen Farbenschlägen gezüchtet: von einfarbig weiß, schwarz, mahagonibraun (der Züchter sagt „rot"), hellgrau („perlgrau") und hellgolden („gelb") bis hin zu verschiedenen Zeichnungen, bei denen diese Farben kombiniert vorkommen. So gibt es Farbenschläge, bei denen Hals- und Schwanzgefieder sowie Flügelspitzen schwarz sind („schwarzcolumbia"), einige sind lebhaft dreifarbig getupft („porzellanfarbig": jede einzelne Feder trägt die Farben Gold, Weiß und Schwarz), weiß gescheckt und viele mehr. Am besten, Sie schauen sich bei einer Rassegeflügelausstellung um und vergleichen die Varianten.

Die Hühnchen sind mehr Zierde als ernst zu nehmende Eierproduzenten, dennoch legt eine Henne im ersten Lebensjahr im Schnitt 80–100 Eier. Wer schlecht legt, ist meist ein guter Brüter oder besser anders herum gesagt: Wer sich Zeit fürs Brü-

Von echten Zwergen und Verzwergten

Von vielen Hühnerrassen existieren eine Großrasse und – in direkter Abstammung davon – eine Zwergrasse.
Antwerpener Bartzwerge dagegen gibt es nur in dieser Miniausführung, eine Großrasse existiert nicht. Rassen wie diese werden als echte Zwerghühner oder Urzwerge bezeichnet, da es sich um eine eigenständige Züchtung von kleinen Hühnern und nicht um die Verzwergung einer großen Rasse handelt.

ten nimmt, legt in der Zeit keine Eier. Daher wurde manchen Rassen der Bruttrieb weggezüchtet – volle Konzentration aufs Eierlegen sozusagen! Bei den Bartzwergen ist der Bruttrieb noch gut ausgebildet, daher nehmen Bartzwerg-Damen gern den Job einer Amme für anderes Federvieh an.

Kommen wir zur Charakterfrage: Antwerpener Bartzwerge sind unternehmungslustig und beäugen alles und jeden sehr aufmerksam. Sie sind neugierig und werden, wenn man ihnen hin und wieder einen Leckerbissen auf der Hand serviert, zutraulich. Wer sich mit ihnen beschäftigt, gewinnt schnell ihr Herz. Falls sie die Chance haben, folgen sie „ihrem" Menschen den ganzen Tag, um bloß keine spannenden Aktivitäten zu verpassen. Trotz ihres lebhaften Wesens sind sie kaum schreckhaft. Dennoch machen sie von ihrem Flugtalent regen Gebrauch – ein hoher Zaun muss also her.

Die Hühner sind robust und pflegeleicht. Allerdings setzen sie bei zu üppigen Mahlzeiten Fett an. Auch sollten Sie ihnen kein Weichfutter (zum Beispiel eingeweichtes Brot) geben, denn es würde den Bart verkleben. Das stört die Tiere selbst zwar nicht, bringt ihre Artgenossen aber auf die Idee, mal daran zu picken. Und wenn sie einmal auf den Geschmack gekommen sind …

Noch ein Wort zu den Hähnen: Sie krähen gerne und ihre Stimmlage ist nicht jedermanns Sache. Die Herren der Hühnerschöpfung sind noch selbstbewusster als die Damen: Sie bauen sich je nach Stimmung auch schon einmal herausfordernd vor einem auf, wenn man den Stall betritt.

Im Gegensatz zu anderen Rassen ist es bei den Bartzwergen möglich, mehrere Hähne in einem Stamm zu halten, wenn sie von jung an daran gewöhnt sind und genügend Platz haben, um sich ausweichen zu können.

Die Leichtgewichte können einen nicht ernsthaft verletzen, aber zum Erschrecken von Kindern reicht es allemal. Zwerg-Cochin und Seidenhühner sind ausgeglichener und damit besser geeignet, Kinder an den Umgang mit Tieren heranzuführen.

Araucana

Ein Huhn ohne Schwanz, das türkisfarbene Eier legt – eine Märchengestalt? Nein, ein Araucana-Huhn! Benannt wurde die Rasse nach einem Ureinwohner-Stamm aus Chile, der wohl damit begann, sie zu züchten.

Das auffälligste Merkmal der Araucana ist der fehlende Schwanz, weshalb ihr Körper kürzer und aufrechter wirkt als der anderer Rassen. Ihr Hinterteil ist abgerundet und sieht ein bisschen wie ausgepolstert aus.

Die türkisfarbenen Eier stammen von der Araucana-Henne.

Sowohl Hennen als auch Hähne tragen einen Backenbart oder Federquasten an den Ohrläppchen, sogenannte Bommeln. Oder beides – dann ist optisch ganz schön was los im Geflügelgesicht! Falls Sie irgendwann einmal Küken ausbrüten wollen, schon jetzt der Hinweis: Zwei Bommel-Tiere dürfen nicht miteinander verpaart werden; das gilt auch für bebommelte Bart-Träger. Denn hierbei könnte ein Letalfaktor auftreten, der Föten bereits im Ei absterben lässt. Ein Herumexperimentieren mit zwei Bommel-Tieren ist mit dem Tierschutzgesetz absolut nicht vereinbar, also immer Bommel und Bart zum Rendezvous bitten!

Bei den Araucana hat man die Wahl unter vielen Farbenschlägen: unter anderem graubraun-unauffällig (der Züchter sagt „wildfarbig“), weiß, schwarz, grau („blau“) und weizenfarbig, außerdem mit goldenem, silbernem oder rotbraunem Hals sowie gesperbert (immer schwarzweiß). Es gibt sie als Großrasse und – allerdings seltener – als Zwergform.

Die Tiere sind vital und robust. Sie beginnen recht früh mit dem Eierlegen, sie legen gut, sogar im Winter – und sie legen bunt! Die

Die Bommeln wachsen in alle möglichen Richtungen, nach unten, nach oben, nach links, nach rechts …

Araucana sind außergewöhnliche Hühner – und das nicht nur vom Aussehen, hier eine Henne in Splash.

Farbe der Eier ist einmalig: ein blasses, aber dennoch deutliches Türkis – so etwas kann nicht jeder seinen Freunden zum Brunch auftischen. Keine Sorge, die Eier schmecken wie die anderen auch, auch die Inhaltsstoffe sind dieselben. Lassen Sie sich keinen Bären aufbinden: Die Eier sind nicht cholesterinärmer als die weißen oder braunen, wie manchmal behauptet wird.

Und zum Schluss wie immer der Charakter-Check: Araucana werden zutraulich und haben ein ruhiges Temperament. Nur die Hähne sind etwas streitlustig, daher auf keinen Fall zwei Hähne zusammen halten. Die Tiere fliegen kaum, obwohl sie es trotz fehlendem Schwanz durchaus können.

Falls Sie sich für diese schönen Tiere entscheiden, abschließend noch ein Tipp, mit dem Sie beim Gespräch mit dem Hühnerzüchter punkten können: Die Mehrzahl von Araucana ist Araucana – nicht Araucanas!

Verwirrend: mit und ohne Schwanz

Es gibt mehrere Hühnerrassen, die keinen Schwanz haben, zum Beispiel Kaulhühner. Und es gibt Rassen, wo hin und wieder schwanzlose Tiere unter den Nachkommen sind. Auf der anderen Seite können nicht-reinrassige Araucana auch Schwänze haben – eventuell gibt ein Halter diese Tiere preiswerter ab, da er sie nicht ausstellen kann. Türkisfarbene Eier legen sie trotzdem.

Augsburger

Dieses Landhuhn aus dem Augsburger Raum ist ein richtiges Anfängerhuhn. Anspruchslos und zufrieden wächst es vom Junghuhn zur zuverlässigen Eierlegerin heran. Diese Rasse ist heute nicht mehr weit verbreitet, hätte es aber verdient.

Augsburger der Großrasse gibt es in zwei Farbenschlägen: in Schwarz mit leicht grünlichem Schimmer und in Blau-Gesäumt – dahinter verbirgt sich ein blaugrauer Farbton, jede Feder ist noch schwarz umrandet („gesäumt"). Bei den Zwergen gibt es nur den schwarzen Farbenschlag. Sie sind recht temperamentvolle Hühner und sie fliegen auch ganz gerne, besonders die Zwerge. Die Großen Augsburger sind selten anzutreffen, die Zwergform noch viel seltener.

Ein Grund für die Seltenheit mag die aufwendige Zucht sein. Der Rassestandard fordert eine besondere und seltene Kammform: den Kronenkamm. Man kann ihn sich wie einen doppelten Einfachkamm vorstellen. Zwei Einfachkämme stehen parallel nebeneinander, Anfang und Ende sind miteinander verwachsen, sodass eine Vertiefung in der Mitte entsteht – die Assoziation Krone oder Becher (man sagt zum Kronenkamm auch Becherkamm) liegt also nahe. Selbst wenn beide Elterntiere Kronenkämme besaßen, wird dieses Merkmal nicht an alle Nachkommen weitergegeben, sondern es entstehen auch Tiere mit „falschen" Kämmen. Diese Hühner

Die verbreitetsten Kammformen

- **Ein Einfachkamm ist die klassische Kammform, so, wie Kinder einen Kamm zeichnen: zackig und mehr oder weniger hoch stehend.**
- **Der Rosenkamm ist ein kleiner, unscheinbarer Kamm, der hinten in einer Spitze, dem sogenannten Dorn, ausläuft. Er sieht aus wie mit kleinen „Perlen" besetzt.**
- **Ein Erbsenkamm besteht aus zwei parallelen Reihen aus kleinen „Perlen", auf deren Zwischenraum noch eine weitere Reihe liegt.**

Sowohl Hähne als auch Hennen tragen Kämme, die Hähne selbstverständlich größere. Allermeist sind die Kämme rötlich, häufig kräftig rot – es geht aber auch anders: So haben zum Beispiel die Seidenhühner einen fast schwarzen Kamm, genauer gesagt einen seltenen Walnusskamm, der von der Form her an eben jene (halbierte) Nuss erinnert und mehr Richtung Stirn sitzt.

Der Kronenkamm ist eine Besonderheit der Augsburger.

sind natürlich genauso gesund und munter, hübsch und legefreudig. Sie entsprechen nur nicht dem Rassestandard. Wenn Sie Ihre Tiere sowieso nicht ausstellen wollen, sind die „Aussortierten" vielleicht die perfekten Hühner für Sie! Trotz der Seltenheit gibt es einen Sonderverein (Adressen finden Sie im Service ab Seite 126), der entsprechende Züchter vermitteln kann.

Bantam

Bantam gehören zu den kleinsten Zwerghuhnrassen der Welt. Eine Henne wiegt gerade einmal so viel wie zwei Stück Butter. Ihrem Selbstbewusstsein tut das keinen Abbruch.

Die weißen Ohrscheiben sind ein Blickfang am Kopf des Bantam-Hahnes.

Diese kleinen lebhaften Hühnchen werden schnell zutraulich und auch handzahm. Sie erfreuen ihre Halter mit über ein Dutzend Farbenschlägen. Darunter hellgolden (offiziell als „gelb“ bezeichnet) mit weißen Tupfen, blaugrau mit rotgoldenem Hals („blau-goldhalsig“), hellgrau-schwarz gesperbert, schwarz mit silberweißem Hals (beim Hahn auch der Rücken weiß; diese Farbkombination heißt „birkenfarbig“) und viele weitere mehr. Allen Farbenschlägen gemein sind die ausdrucksstarken weißen Ohrscheiben. Wie Zielscheiben stechen sie besonders aus dunklem Gefieder hervor. Apropos Zielscheiben: Bei Bantam sollte man sich gut überlegen, ob man mehrere Hähne zusammen hält, denn die Ohrscheiben werden von anderen Tieren gerne angepickt. Falls das einmal passiert sein sollte, bildet sich an der Pickstelle interessanterweise ein kleiner roter Punkt. Während das für Ausstellungszüchter ein Problem darstellt, ist das für Hobbyhalter allenfalls ein ästhetisches Problem. Mückenstiche können den gleichen Effekt hervorrufen.

Auf dem Kopf tragen die Bantam einen Rosenkamm: Er setzt breit an und läuft spitz in einem Dorn aus. Dieser Dorn sollte idealerweise rund sein, es gibt ihn jedoch auch abgeflacht.

Trotz ihrer Kleinheit erscheinen Bantam nicht zart und zierlich, sondern kräftig und erhaben. Das liegt an der vorgewölbten, man möchte fast sagen stolzgeschwellten Brust und am breiten Kopf. Und beim Hahn außerdem an den ausdrucksstarken, im Vergleich zu anderen Rassen ziemlich langen, hoch getragenen Schwanzfe-

Do you speak English?

Yes? Dann müssen Sie die Bantam, über die wir hier reden, mit Rosecomb Bantams (also Rosenkamm-Bantams) ansprechen. Denn im englischsprachigen Raum werden sämtliche Zwerghühner Bantams genannt. So nennen Briten die Rasse Zwerg-Cochin zum Beispiel Peking-Bantam. Kleine sprachliche Finesse zur Unterscheidung, von wem nun gerade die Rede ist: Die Rasse Bantam bleibt in der Mehrzahl Bantam, der Sammelbegriff für Zwergrassen im Allgemeinen heißt im Plural Bantams.

Quirlig und stets auf Achse sind diese orangehalsigen Bantam-Hennen.

dern. Die oberen Schwanzfedern, man sagt Hauptsicheln, sind mit elegantem Schwung gerundet, bei einem perfekten Ausstellungshuhn fast kreisrund. Auch die Bantam-Henne trägt ihren Schwanz selbstbewusst hoch angesetzt. Ein weiteres typisches Bantam-Merkmal sind die gesenkt gehaltenen Flügel.

Diese Handvoll Huhn wird übrigens zu den Zierrassen gezählt, denn Bantam bringen es auf kaum mehr als 80 Eier im Jahr. Aber dennoch: Sie legen Ihr Frühstücksei! Und sie punkten mit einem anderen Vorteil: Diese Rasse braucht äußerst wenig Platz – im Stall und im Auslauf. Wer nur wenig Raum für die Hühnerhaltung zur Verfügung hat, sollte über Bantam nachdenken. Allerdings nutzen sie sehr gerne die dritte Dimension, sprich Bantam fliegen wie der Teufel. Sie sollten also hohe Zäune oder – noch besser – Überdachungen aus Drahtgeflecht vorsehen oder sie in einer großen Voliere halten.

Bielefelder Kennhühner

Bielefelder Kennhühner tragen ein wichtiges Charakteristikum im Namen: ihre Kennfarbigkeit. Das bedeutet, dass auch Laien an frisch geschlüpften Küken das Geschlecht erKENNen können.

Das Bielefelder Kennhuhn ist ein klassisches Zwiehuhn (Zweinutzungshuhn): Bei freilich gutem Appetit wächst es schnell heran, legt viele große Eier und ergibt – wenn die Zeit gekommen ist und sofern man überhaupt schlachten möchte – eine schmackhafte Mahlzeit. Es handelt sich um ein rundliches, gedrungenes Huhn; die relativ kurzen Beine verstärken diesen Eindruck.

Die Rasse gibt es nur in zwei Farbenschlägen: kennsperber und silber-kennsperber. Bei der Sperberung zeigt jede Feder mehrere Querstreifen; im Zusammenspiel entsteht ein lebhaft gesprenkelt-getupftes Gefieder. Grundfarbe der Kennsperber-Henne ist ein wildfarbiges Graubraun, der dazugehörige Hahn tendiert ins Rötliche und ist kräftiger gefärbt. Das Muster, die Sperberung, ist jeweils hellgrau. Silber-Kennsperber sind weiß-grau gesperbert. Schön leuchten die gelben Beine dazu.

Ehrlich gesagt macht das Bielefelder Kennhuhn im Stall optisch nicht viel her – dafür ist die Rasse einfach nicht bunt genug. Aber draußen im Auslauf, auf der Wiese in ländlicher Umgebung lässt die Hühnerfamilie eine Idylle entstehen. Man bekommt den Eindruck, die Tiere würden schon seit Generationen zum Bild gehören – nichts Exotisches, nichts Skurriles, nichts Prätentiöses. Bielefelder Kennhühner unterstützen die Illusion – böse Zungen sagen auch das Klischee – des romantischen Landlebens. Wenn Sie Fan von Bauernhof-

Gutes Tarnkleid: Greifvögel erkennen die Bielefelder Kennhühner aus der Luft schlechter als beispielsweise schneeweiße Hühner.

Bielefelder Kennhühner passen perfekt in die ländliche Umgebung.

romantik sind, ist das Bielefelder Huhn vielleicht genau das Richtige für Sie. Dann müssen Sie nur noch entscheiden: Großrasse oder Zwergvariante? Man staunt: Die Zwerge legen im Vergleich zu ihrer Körpergröße recht große Eier. Ein ruhiges Wesen haben sie beide. Und auch das Fliegen gehört nicht zu ihren bevorzugten Hobbys.

Was ist Kennfarbigkeit?

Normalerweise erkennt der Laie das Geschlecht bei Hühnern im Alter von etwa acht Wochen. Spätestens, wenn sich bei einigen Tiere ein deutlicher Höcker auf dem Kopf bildet, ist klar: Das ist ein Hähnchen – der Kamm kommt zum Vorschein. Bei kennfarbigen Rassen kann man schon am ersten Lebenstag anhand einer unterschiedlichen Flaumfärbung sehen, ob es Männlein oder Weiblein ist. Der Hahn hat einen klar begrenzten weißen Fleck auf dem Kopf und einen unruhigen braunen Streifen auf dem Rücken. Die Henne besitzt einen diffusen weißen Kopffleck und einen deutlich gezeichneten, dunkelbraunen Rückenstreifen. Kennfarbigkeit hat in der Praxis den Vorteil, dass man beim Kauf sehr junger Tiere genau das Geschlecht erhält, das man haben will. Denn bis auf wenige Ausnahmen vertragen sich mehrere Hähne in einer Hühner-WG nicht. Es kann besser nur einen Mann im (Hühner-)Haus geben! Interessant ist noch, dass die Kennfarbigkeit genetisch an gesperbertes Gefieder, den sogenannten Sperberfaktor, geknüpft ist. Das bedeutet, dass bei gesperberten Rassen das Geschlecht bei Eintagsküken fast ausnahmslos zu erkennen ist. Dazu zählen auch Amrocks und gestreifte Wyandotten.

Brahma

Dieses Huhn hat nicht nur von Kraft geträumt, es ist ein wahres Riesenhuhn! Ein Brahma beeindruckt durch den massigen Körper und schlicht durch seine Ausmaße. Dabei ist es ruhig und behäbig.

Zwerg-Brahma sind die kleine Variante der riesigen Großrasse. Hier in Schwarzcolumbia und Rebhuhnfarbig-Gebändert.

Die Motivation, sich Brahma zuzulegen, liegt wohl kaum in ihrer Legeleistung, denn die Eiermenge ist überschaubar. Im Vordergrund steht bei dieser Rasse die imposante Größe. Es handelt sich dabei sogar um die größte unter den europäischen Rassen. Oder welches Huhn kann schon einem ausgewachsenen Labrador in die Augen gucken und muss sich dabei noch nicht einmal auf die Zehenspitzen stellen?

Aufgrund der Äußerlichkeiten denken viele, es sei ein gutes Fleischhuhn („Da ist doch bestimmt gescheit was auf den Rippen!"). Aber nein. Wie sagt man so schön und halb entschuldigend: „Die haben halt schwere Knochen." Und ein dichtes Gefieder obendrein, das verstärkt den massigen Eindruck noch. Mit Brahma hat

Typisch ist der dreireihige Erbsenkamm.

Brahma demonstrieren schon mit ihrem Gesichtsausdruck eine gewisse Behäbigkeit.

man „ordentlich Huhn“ auf dem Gehöft. Die Tiere fliegen so gut wie nicht, müssten sie dazu doch gute 4 kg (Hähne bis 5 kg) in die Luft bewegen – viel zu anstrengend für die behäbigen Tiere.

Schöne Farbenschläge sind zum Beispiel goldgelb mit schwarzem oder blaugrauem Hals und Schwanz (offizielle Bezeichnungen: „gelb-schwarzcolumbia“ bzw. „gelb-blaucolumbia“). Daneben gebänderte Zeichnungen auf weißer („silber“), graubrauner („rebhuhnfarbig“) oder grauer Grundfarbe („blau“). Gebändert bedeutet, dass jede einzelne Feder ringsherum mehrfach andersfarbig gesäumt ist – die Tiere erscheinen, als würden sie ein mit einem dünnen Pinsel gezeichnetes, an Fischschuppen erinnerndes All-over-Muster tragen. Außerdem gibt es sie in uni schwarz und grau („blau“).

Brahma sind federfüßig, das heißt, es sieht aus, als ob sie dicke Pantoffeln aus Federn tragen würden – diese heißen im Züchterlatein passenderweise „Federlatschen“. Und genauso laufen sie auch: Sie latschen eher, wie ein Sumoringer von links nach rechts schwingend, als dass sie laufen (von schreiten mal gar nicht zu reden) – alles in allem total sympathisch! Übrigens hält sich hartnäckig die Meinung, dass federfüßige Rassen generell mit Nässe zu kämpfen hätten. Haben sie nicht (Seite 13)! Ein Vorteil von Federfüßigkeit ist für den Halter, dass die Hühner nicht so tiefe Löcher scharren. Die Oberfläche der Füße ist durch die Federn vergrößert – vielleicht bildlich vergleichbar mit einem Schneeschuh – und die Latschenträger schaffen es damit nicht, sich so tief in die Erde vorzuarbeiten wie barfüßige Hühnerkameraden.

Geduld bei der Aufzucht

Wer Brahma-Küken aufziehen will, muss sich auf eine ungleichmäßige Metamorphose einstellen. Zuerst setzt das Längenwachstum ein und zunächst sind Junghenne und -hahn nur lange Lulatsche aus Haut und Knochen, erst später setzen sie Fleisch an und die massigen Proportionen entstehen. Das haben sie mit allen großen Tierrassen gemeinsam, zum Beispiel kann man das auch bei großen Hunderassen beobachten. Bei der Aufzucht (und auch hier passt die Parallele zu Hunde-Riesen) sollte man darauf achten, dass die Tiere langsam wachsen, damit sie später keine gesundheitlichen Probleme bekommen.

Brahma sind robust und, wie eingangs erwähnt, behäbig, sie gelten als die „Elefanten im Porzellanstall". Daher sollte man sie nicht mit Minihühnchen zusammen halten. Auch brauchen sie im Stall mehr Platz als kleinere Rassen; maximal zwei Tiere pro Quadratmeter Stallfläche sollte man rechnen. Der Futtertrog und besonders die Tränke sollten noch höher als bei anderen Rassen – der Größe der Tiere angemessen – aufgestellt werden (mehr dazu auf Seite 22). Auch der Ausschlupf vom Stall in den Auslauf muss „elefantengerecht" dimensioniert sein. Im Gegensatz dazu benötigen Brahma aufgrund ihres ruhigen Naturells im Auslauf nicht mehr Platz als andere. Brahma gibt es zwar auch als Zwergform, aber dann ist natürlich das Beeindruckende, die Größe, dahin, wenngleich auch sie rechte „Brocken" sind.

„Uns beide bringt nichts aus der Ruhe", scheinen diese weißschwarzcolumbiafarbenen Brahma-Hennen zu denken.

Chabo

Sie sehen schon etwas grotesk aus. Die kleinen Chabo stammen aus Japan und genießen dort allerhöchstes Ansehen. Es ist interessant: Viele, die einige Zeit in Japan gelebt haben und mit Hühnern gar nichts am Hut haben, kennen häufig zumindest ihre Namen.

Eier? Fleisch? Alles unwichtig! Bei den Chabo zählen Schönheit und optische Eigentümlichkeit. Sie gehörten zu den ersten Zwerghühnern, die aus Asien nach Europa kamen. Eine Großrasse existiert nicht, weshalb man sie zu den echten Zwerghühnern zählt (Seite 44).

Während auf der vorangegangenen Seite ein wahrer Riese unter den Hühnern vorgestellt wurde, folgt hier ein XS-Hühnchen – daran sieht man, wie variantenreich Haushühner gezüchtet wurden. Dass Brahma und Chabo nicht zusammengehalten werden sollten, leuchtet ein: Die kleinen Chabo würden untergebuttert werden und wären aufgrund der Hackordnung (in der sie sich niemals im Leben hocharbeiten könnten) so gut wie immer vom besten Futter und den besten Schlafplätzen verbannt – Stress pur. Überhaupt kommen Chabo am besten unter ihresgleichen zur Geltung. Denn ihre eigenwillige Optik will nicht so recht ein Pendant bei anderen Rassen finden. Aber bei den Chabo gibt es so viele Varianten in Gefiederfarbe und -struktur, dass das Vorhaben einer „bunten Hühnerschar" auch rein aus Chabo zu bewerkstelligen ist.

Diese gelbe Chabo-Mutter mit schwarzem Schwanz überwacht ganz genau ihre Küken.

Was ist denn nun das Skurrile an dieser Rasse? Da wären zunächst die unvergleichlichen Proportionen. Die kurzen Beine schauen kaum unter dem Körper hervor. Fast meint man, die Tiere würden auf dem Bauch sitzen. Zuchtziel war ein Huhn, das über den Boden zu schweben scheint. Der Schwanz wird bei Hahn und Henne gleichermaßen steil und mitunter etwas aufgefächert nach oben getragen, ja regelrecht zur Schau gestellt. Die längsten Schwanzfedern des Hahnes, im Fachjargon Hauptsicheln genannt, heißen bei den Chabo auch Schwerter. Sie sollen, so die Legende zur Entstehung der Rasse in Japan, an Samuraischwerter erinnern. Der Hahn sieht noch skurriler aus als seine Partnerinnen: Der überproportional große Kamm und die großen roten Kehllappen tragen auf und lassen den Hahnenkopf im Vergleich zum Körper – und auch im Vergleich zum Hennenkopf – riesig erscheinen.

Mit ihren kurzen Beinen beschädigen Chabo kaum die Grasnarbe.

Chabo wurden in vielen Farbenschlägen gezüchtet. Schwarz, weiß, blaugrau (offizielle Bezeichnung: „blau"), perlgrau oder hellgolden („gelb"), mit andersfarbigen Hälsen und Schwänzen, getupft oder gebändert – eine immense Vielfalt! Als Besonderheit gibt es noch ein rein schwarzes Huhn: Neben den schwarzen Federn sind die Haut im Gesicht, die Augen und die Beine ebenfalls schwarz.

Und jetzt kommt der Knaller: Es gibt Chabo mit Locken! (Ja, richtig gehört.) Chabo gibt es in drei Gefiederstrukturen. Erstens glatt – das entspricht dem Federkleid eines „normalen" Huhns. Zweitens seidenfiedrig; hierbei sind die Federfahnen gewollt „zerschlissen" wie bei den bekannten Seidenhühnern, sodass eine wuschelige Optik entsteht (obwohl das wohlgemerkt nicht mit einer wuscheligen Haptik einhergeht). Und drittens gelockt! Die gelockten Chabo sehen ein bisschen aus wie gegen den Strich geföhnt – außergewöhnlicher geht es kaum!

Hühner auf Gartenspaziergang

Chabo besitzen ein ruhiges Temperament und keine Flugambitionen. Man kann sie im Ziergarten frei laufen lassen, wenn ihre Hinterlassenschaften nicht stören – oder man diese regelmäßig einsammelt ... Aufgebuddelte Löcher muss man nicht befürchten, da sie kaum scharren. Besonders Gärten im asiatischen Stil bekommen durch die Tiere das gewisse Etwas.

Chabo bilden richtige Familienverbände. Familien – samt mehrerer Hähne und auch Küken dazwischen – kann man problemlos zusammen halten, da die Tiere

Chabo, hier in Weiß mit schwarzem Schwanz, und Blumengarten schließen sich nicht aus.

nicht streitlustig sind. Wer mit dem Gedanken spielt, eine eigene Chabofamilie zu gründen, sollte wissen: Die Hennen brüten sehr zuverlässig; jedoch muss man auf die spezielle Vererbung der Kurzbeinigkeit Rücksicht nehmen. Bei den Chabo gibt es nämlich die berühmten Kurzbeinigen, die wir hier auf diesen Seiten beschreiben, und es gibt Tiere mit normal langen Beinen – und die haben eine wichtige Aufgabe! Würde man zwei Tiere mit kurzen Läufen paaren, käme der sogenannte Letalfaktor zum Tragen. Das heißt, dass der Embryo absterben kann und man letztlich weniger Nachwuchs erhält. Deshalb muss man immer ein „Kurzbein" mit einem „Langbein" kreuzen. Unter den Nachkommen sind dann sowohl Tiere mit kurzen als auch mit normal langen Beinen vertreten – das Merkmal spaltet laut der Mendelschen Gesetze der Vererbung auf. Rassetypischer und beliebter (weil skurriler) sind die kurzbeinigen Chabo – aber ohne Langbeinige gäbe es keine Kurzbeinigen! Züchter haben immer zumindest einen langbeinigen Hahn in petto.

Und noch zwei Pluspunkte seien zum Schluss erwähnt: Chabo werden wahnsinnig zutraulich und lassen daher auch Kinderherzen höherschlagen. Außerdem erheben sie nur selten ihre Stimme, weshalb sie sehr „nachbarschaftsfreundlich" sind.

Deutsche Zwerg-Lachshühner

Wir präsentieren: wunderschöne Hühner mit Backenbart. Namensgeber ist der Farbenschlag „lachsfarben“, bei der die Hühnerdamen in einer soften Apricottönung daherkommen.

Der lachsfarbene Farbenschlag ist immer gesäumt, das heißt, jede lachsfarbene Feder trägt einen weißen Rand.

Vielleicht haben Sie schon einmal von Faverolles, einer französischen Hühnerrasse gehört? Bei ihnen liegt der Ursprung der Deutschen Lachshühner und Zwerg-Lachshühner. Manche Hühnerbücher bezeichnen beide Rassen auch als synonym (was nicht ganz korrekt ist). Deutsche Züchter entwickelten die Faverolles farblich in eine etwas andere Richtung, bis sie keine waschechten Faverolles mehr waren und eine eigene Rassebezeichnung bekamen. Die Verwandtschaft lässt sich aber nicht verleugnen.

Bekannt sind vor allem die lachsfarbenen Vertreter – klar, nach ihnen wurde die ganze Rasse benannt. Vielleicht weil das der schönste Farbenschlag ist? Der am häufigsten gehaltene Farbenschlag der Rasse ist es auf alle Fälle! Henne und Hahn sind trotz derselben Bezeichnung „lachsfarben“ grundlegend anders gefärbt. Die Henne ist hell-lachsfarben, sagen wir mal wie Pfirsich-Sahne-Eis – an der Unterseite mehr Sahne; Rücken, Schwanz und Flügel mehr Pfirsich. Der Hahn besitzt einen hohen Schwarzanteil sowie einen weißen Hals. Etwas Messing ist auch mit dabei. Der Hahn wirkt dadurch regelrecht bunt und Vergleiche mit der Farbkombination einer Glückskatze sind nicht ganz abwegig. Zusammen geben Hahn und Henne(n) ein schönes Bild!

Neben den berühmten Lachsfarbenen gibt es mehr oder weniger graue Tiere („blau-lachsfarbig“) sowie weiße und schwarze. Gezüchtet wird außerdem der Farbenschlag „weiß-schwarzcolumbia“, der bei vielen anderen Rassen, zum Beispiel bei Sussex oder Sundheimern, ebenfalls vorkommt.

Man trägt Bart

Alle Lachshühner, ob sie nun lachs- oder andersfarbig sind, tragen einen Bart, weswegen Sie den Tieren nicht allzu viel Weichfutter, sprich mit Wasser oder feuchten Futterkomponenten vermischtes Futter geben sollten. Das verklebt gern den Bart und animiert die Hühnerkolleginnen zum Picken. Die Hennen tragen zudem eine Art

Beim lachsfarbenen Farbenschlag sind Hahn und Hennen total unterschiedlich gefärbt.

Halskrause, die – zusammen mit dem Bart – die Kopfregion aufgeplustert erscheinen lässt und den Hennen einen keck-aufgeweckten Gesichtsausdruck verleiht. Der lachsfarbene Hahn hat es in Sachen Bart noch origineller erwischt: Sein kräftiger Kinn- und Backenbart ist schwarz wie die Nacht und sieht wie ein fescher Vollbart aus.

Ein weiteres Charakteristikum der Lachshühner sind die bestrümpften Füße (Lachen Sie nicht, das heißt wirklich so!). Das bedeutet, dass die Beine an den Außenseiten einige Federn tragen. Das Gegenstück von „bestrümpft" wäre nebenbei gesagt „belatscht", also mit üppigen Federlatschen versehen, wie sie die Brahma tragen. So oder so, diese „Puscheln" an den Beinen sind nicht jedermanns Sache. Mit einer Besonderheit an den Füßen warten die Lachshühner noch auf: Sie haben je fünf Zehen, statt wie die allermeisten Hühner vier.

Seine Extravaganzen hat der Rasse ein Vorurteil eingebrockt: „So hübsche Tiere, befiederte Läufe und Zehen wie kaum ein anderes Huhn – das ist sicher eine ganz extraordinäre Rasse ..." Nein, es ist einfach ein Superhuhn! Und auch für den Anfänger gut zu halten. Denn die Tiere sind sehr ruhig, sie fliegen so gut wie nicht (Wenn sie erschreckt werden oder sich in Gefahr wähnen, fliegen alle Hühner – die einen besser, die anderen schlechter!). Und das Schöne für Halter, die sich Hühner mit Familienanschluss wünschen: Lachshühner werden sehr zutraulich.

Übrigens: Wir haben dieses Porträt absichtlich mit „Zwerg-Lachshühner" überschrieben. Es gibt auch die Großrasse, die genauso schön gefärbt ist, jedoch sind die großen Vertreter so riesig groß und über 3 kg schwer, dass die allermeisten Hobbyhalter die Zwerge (etwa 1 kg) bevorzugen werden. Gute Eierproduzenten sind die Großen wie die Kleinen. Ein Argument würde allerdings deutlich für die Anschaffung von großen Lachshühnern sprechen: Sie liefern vorzügliches Fleisch – wenn man denn schlachten möchte. Aber dafür sind sie eigentlich viel zu hübsch, oder?

Federfüßige Zwerghühner

Codeword: Federfüße – so wird die Rasse in Kurzform genannt. Beschreiben könnte man sie so: klein und bunt. Sie sind in Gefiederfarbe und -muster sehr variantenreich. Praktische Vorteile für den Halter in spe: Sie sind ruhig und scharr-unlustig.

Bei diesen gold-porzellanfarbigen Federfüßigen Zwerghühnern passt der Begriff „Streublümchen" perfekt.

Bei den Federfüßigen Zwerghühnern kommen einige Punkte zusammen, die gerade dem Kleinst-Hühnerhalter in die Karten spielen. Die Tiere sind klein und – zumindest die Hennen – ruhig. Das bedeutet, sie brauchen nicht so viel Platz wie große, lebhafte Hühner. Aufgrund der charakteristischen Fußbefiederung brauchen sie jedoch im Stall etwas mehr Platz als Zwerge ohne Federn an den Füßen. Verständlich, denn sie dürfen sich nicht gegenseitig auf die Latschen treten. Bei täglichem Auslauf (soweit es die Witterung zulässt) kann man aber ohne Probleme drei Tiere in einem Kleinstall von 1 m^2 halten. Wegen ihres ruhigen Temperaments und der Tatsache, dass sie kaum fliegen und scharren, hat man auch die Möglichkeit, die Tiere nach Feierabend für ein paar Stunden in den Gar-

Coco ist eine fehlfarbige goldhalsige Federfuß-Henne.

Füttern und streicheln – das geht mit Federfüßen ganz einfach.

ten zu lassen. Dass sie nicht sehr scharren und die Grasnarbe weitgehend in Ruhe lassen, liegt wiederum an der Fußbefiederung – große Auflagefläche, geringe „Schaufelleistung"! Übrigens sind nicht nur die Füße, sondern auch die Beine dicht befiedert. Und was vor allem (aber nicht nur) Kinder begeistert: Die Tiere werden schnell zutraulich. Da die Hähne agiler als die Hennen sind und manchmal den Drang verspüren, ihre Damen zu „verteidigen", indem sie um den Halter herumtänzeln, ist eine reine Frauen-WG vielleicht eher das Richtige, wenn kleine und vor allem ängstliche Kinder im Haushalt leben. Aber keine Sorge: Die Hähne sind nicht wirklich angriffslustig, als Mensch findet man die männlichen Anwandlungen mehr spaßig als bedrohlich.

Die Federfüße werden auch schlicht Garten-Zwerghühner oder – im gold-porzellanfarbigen Farbenschlag – „Mille Fleurs" genannt. Diesen liebevollen Beinamen, der wörtlich soviel wie „Tausend Blumen" oder im weiteren Sinn „Streublümchen" heißt, bekamen die Hühnerzwerge wegen dem hübschen Muster, der sogenannten Porzellanzeichnung. Jede einzelne Feder ist ein Kunstwerk: Sie ist goldbraun, besitzt am Ende einen schwarzen Tupfen und in die-

Impfpflicht für Federfüße

Bei Küken der Federfüßigen Zwerghühner ist es wichtig, dass diese am ersten Lebenstag gegen die Mareksche Krankheit geimpft wurden, da sie diesbezüglich empfindlich sind. Fragen Sie sicherheitshalber bei Ihrem Züchter nach. Vorsicht also in diesem Zusammenhang, wenn Ihnen Ihr Nachbar überzählige Tiere über den Gartenzaun schenken möchte!

sem Tupfen einen weißen Punkt, „Perle“ genannt. Jede einzelne Feder wohlgemerkt! Im Zusammenspiel der Federn wird klar, woher die Assoziation „Streublümchen“ kommt. Und schon sind wir mittendrin in der Farbenvielfalt der Federfüßigen Zwerghühner, obwohl man sagen muss, dass die Gold-Porzellanfarbenen am meisten verbreitet sind. Weitere offizielle Farbenschläge sind, um nur eine Auswahl zu nennen, zitron-porzellanfarbig und silber-porzellanfarbig (hier ist die Grundfarbe gelblich-hellbraun bzw. weiß). Edel und fast durchscheinend ist der isabell-porzellanfarbige Schlag: hellblaugraue Porzellanzeichnung auf cremeweißem Grund. Die Federfüße können aber nicht nur porzellanfarbig, sondern auch gestreift (jede einzelne Feder ist schwarz-weiß gestreift), divers getupft, mit besonders gefärbten Gefiederpartien (unter anderem gold- oder silberhalsig, orangebrüstig, rotgesattelt), das bei vielen Rassen vorkommende columbiafarbig (Grundfarbe plus schwarzem Hals und Schwanz) und natürlich einfarbig sein. Es gibt übrigens auch Tiere mit Bart. Sie sehen also: Wunderhübsch, die Kleinen!

Vielleicht präsentieren sie sich in solch einer Vielfalt, weil sie auf eine lange Züchtungsgeschichte zurückblicken und sich so divers entwickeln konnten? Die Rasse ist jedenfalls höchst beliebt – weswegen Sie auch kaum Schwierigkeiten haben werden, einen Züchter in Ihrer Nähe zu finden, zumindest von gold-porzellanfarbigen Tieren. Aber das Federvieh ist bei den meisten Familien nicht nur zum Anschauen da, es hat auch einen Job. Und den erledigen die Federfüße recht ordentlich. Im ersten Legejahr sind 100, manchmal auch mehr mittelgroße (im Vergleich zur Körpergröße also erstaunlich große) Eier zu erwarten. Falls gewünscht sind viele (aber nicht alle) Hennen gute Brüterinnen.

Eine Federfüßige Zwerghenne in Gelb mit weißen Tupfen.

Friesenhühner

Diese aus den Niederlanden stammende Rasse ist sehr hübsch. Es gibt sie in so vielen Farbenschlägen, dass die Auswahl schwerfällt. Aber aufgepasst, hier holen Sie sich ein paar richtige Energiebündel in den Stall.

Die schlanken Friesenhühner gehören mit noch nicht einmal drei Pfund zu den Leichtgewichten, die Zwergform ist noch leichter. Entsprechend gut können sie fliegen. Bis aufs Hausdach, wenn erforderlich – und da die Tiere schreckhaft sind, kann es schon einmal passieren. In passender Umgebung werden sie aber in der Regel eher den Weg unters Gebüsch als aufs Dach suchen. Jedoch sollte man diese Eigenheiten kennen und vor der Anschaffung bedenken. Friesenhühner sind wahnsinnig lebhaft und agil. Ein großer, abwechslungsreicher Auslauf samt hohem Zaun muss also sein. Angesichts ihres Flugtalents ist auch die Abgrenzung nach oben, zum Beispiel mit Netzen aus dem Fachhandel, eine gute Idee.

Die temperamentvollen Tiere können sich gut mit sich selbst beschäftigen (werden leider auch nicht so zutraulich wie andere Rassen), sind den ganzen Tag im Auslauf unterwegs, kommunizieren vergleichsweise lautstark, scharren und buddeln mit Lebensfreude, ja, sie machen leider richtige Löcher. Mit diesen Szenarien im Hinterkopf fragen Sie sich vielleicht: Warum sollte man sie denn überhaupt halten? Ganz einfach: Weil sie, wenn man ihnen den entsprechenden Auslauf bieten kann, tolle Tiere sind! Während ihrer Streifzüge suchen sie sich einen Großteil ihres Futters selber. Sie legen eifrig große, weiße Eier und beginnen ihre Legekarriere früher als andere Hühnerrassen. Und schließlich: Sie sind hübsch anzuschauen – zumindest die Damen! Bei den vielfältigen Farbenschlägen der Friesenhühner fallen vor allem die feinen Zeichnungen der Hennen auf, die unter dem Hals ansetzen und Bauch, Schwingen und Schwanz bedecken. Charakteristisch sind die geflockten Schläge. Dabei hat jede einzelne Feder links und rechts vom Federkiel eine „Flocke“ in Form eines Reiskorns. Das Huhn wirkt dadurch wie mit feinen Pinselstrichen verschönert. Die Farbkombinationen sind vielfältig: Rahmgelb mit schwarzer Zeichnung (der Züchter sagt „zitron-schwarzgeflockt“), weiß-schwarz („silber-schwarzgeflockt“), Goldtöne mit schwarzer oder weißer Strichelzeichnung („gold-schwarzgeflockt“ bzw. „gelb-weißgeflockt“) usw. Wie gesagt sind nur die Hennen so außergewöhnlich gezeichnet. Die Hähne sind mehr oder weniger einfarbig.

Gelb-weißgeflockte Friesenhühner.

Hamburger

Hier kommt ein rankes schlankes Hühnchen mit hohem Wiedererkennungswert, zumindest im beliebten Farbenschlag silberlack. Mit schwarzen Tupfen auf weißem Grund sieht es aus wie ein Dalmatiner.

Hamburger in Goldlack sind das goldene Pendant zu den Silberlack-Hühnern.

Um gleich mal eine naheliegende Vermutung zu zerstreuen: Nein, Hamburger kommen nicht aus der gleichnamigen Stadt, vielmehr lief der Handel dieser Hühner damals über den Hamburger Hafen – daher der Name.

Diese Rasse fällt durch die schöne schlanke Form auf, manchen erinnert sie an die Proportionen eines Fasans, jedenfalls nicht an ein plumpes Huhn. Der Körper ist elegant gestreckt. Die Henne hält ihren Schwanz straff, der Hahn präsentiert stolz seine langen, mit Schwung getragenen Schwanzsicheln.

Bei den Hamburgern handelt es sich um ausgesprochen schöne Tiere. Die Dalmatiner-Variante („silberlack“) gibt es noch in Goldbraun (ebenfalls mit schwarzen Tupfen, der Fachmann sagt „goldlack“ dazu). Außerdem weiße bzw. goldbraune Tiere, die sich halsabwärts mit einer schwarzen, an Farbsprenkel erinnernden Zeichnung schmücken („silbersprenkel“ bzw. „goldsprenkel“). Des Weiteren existieren Hamburger in uni Weiß oder Schwarz sowie in Blaugrau mit einem dunkelgrauen Rand an jeder Feder („blau-gesäumt“). Silberlack ist jedoch der bekannteste und beliebteste Farbenschlag dieser Rasse.

Ungewöhnlicherweise – und anders als bei anderen Hühnerrassen – unterscheiden sich die Tiere in den unterschiedlichen Farbenschlägen nicht nur durch ihre Gefiederfarben und -zeichnungen, sondern auch durch ihren Charakter. Während Silberlack-Hühner als ruhig gelten, sind die Goldlack lebhaft, Gold- und Silbersprenkel sind noch verrückter. Als Grund für die ungleichen Wesensmerkmale werden unterschiedliche Abstammungen vermutet.

Da die Hühner recht leicht sind, fliegen sie gerne – besonders die agileren Farbenschläge und erst recht die ebenfalls erhältlichen Zwerg-Hamburger.

Einige Hühnerbücher rühmen Hamburger als fleißige Eierproduzenten – die Erfahrung zeigt jedoch, dass man nur mittelmäßige Eiermengen erwarten kann, sofern man nicht eine sehr legefleißige Zuchtlinie erwischt hat. Da die Tiere in der Regel auf Schönheit gezüchtet werden, ist die Legeleistung bei der Auswahl der Zuchttiere

Wer würde bei diesen Hamburger-Silberlack-Hennen nicht auf die Assoziation "Dalmatiner" kommen?

zweitrangig. Statt die Rasse als attraktives Legehuhn zu titulieren, wird ihr die Bezeichnung Zierhuhn, das auch Eier beisteuert, gerechter. Fürs sonntägliche Frühstücksei mit der Familie wird das Hamburger Huhn aber sicher sorgen.

Holländer Haubenhühner

Lustig sehen sie aus, diese Hühner mit Kopfschmuck, und aristokratisch irgendwie auch. Die Farbe der Haube ist meist weiß, äußerst selten schwarz. Schwarzhauben sind eine wahre Rarität – eine Besonderheit unter den Besonderen sozusagen.

Das Holländer bzw. Holländische Haubenhuhn stammt aus den Niederlanden und auf den ersten Blick wird klar, dass es sich um ein Zierhuhn handelt. Nichtsdestotrotz darf man sich auf frische Eier freuen – und sie legen gar nicht mal schlecht. Die Haube aus dichten, meist weißen Federn heißt fachmännisch Rundhaube und erinnert ganz unfachmännisch an eine Badekappe von anno Tobak. Mit diesen Hühnern haben Sie garantiert etwas Besonderes im Garten! Man unterstellt der Rasse aufgrund des extravaganten Äußeren gern auch extravagante Bedürfnisse oder zumindest einen schwierigen Charakter. Aber das ist nicht der Fall. Es sind ganz normale Hühner – eben mit ein bisschen mehr Federn auf dem Kopf als andere.

Es handelt sich um eine alte Rasse. Bereits im 15. Jahrhundert ist von Haubenhühnern die Rede gewesen. Dass das Vorfahren der Holländer Haubenhühner waren, ist wahrscheinlich. Und der Utrechter Maler Melchior de Hondecoeter hatte auf seinen Bildern im 17. Jahrhundert welche abgebildet. Überhaupt war es zu der Zeit Mode, Hühner zu malen. Die Hühnerhaltung war Privileg des Adels und so wurden auch Haubenhühner zum Herzeigen gehalten. Sie werden glücklicherweise so zahm, dass man sie nach guter Gewöhnung kurz auf den Arm nehmen und präsentieren kann.

Die Rasse wird unterteilt in Holländer Weißhauben und Holländer Schwarzhauben. Die meisten Tiere sind Weißhauben. Wie der Name sagt, tragen sie weiße Hauben zu einem weißen, schwarzen oder schwarzweiß gescheckten, gesäumten oder gesperberten Körper. Schwarzhauben sind sehr selten, eine der seltensten Hühnerrassen der Welt. Sie sind weiß mit schwarzer Haube und Gesicht, am Hals läuft das Schwarz aus.

Die Tiere sind sehr ruhig und zutraulich. Sie fliegen eigentlich nicht und sind nicht sehr umtriebig, daher sind sie auch mit wenig Platz zufrieden.

Ein richtiger Punk, der Holländer Haubenhuhn-Hahn – der Züchter nennt ihn „Weißhaube, schwarz".

Hauben im Regen

Noch ein Wort zur Haube: Sie wächst, statt Kamm, aus einer Erhöhung auf dem Schädeldach und besorgte Hühnerfreunde haben manchmal Angst, dass die Haube das Gesichtsfeld einschränken könnte. Keine Sorge, die Hühner kommen wunderbar klar damit. Vergleichbar vielleicht mit einem Menschen, der eine Ponyfrisur trägt – der würde auch nicht als „blindes Huhn" bemitleidet werden, oder? Nur ein Detail sollte man als Halter wissen: Bei Dauerregen sollte man Haubenhühner möglichst nicht aus dem Stall lassen, damit die Haube nicht durchnässt. Denn dann (und nur dann) hängt die Haube nach unten und es kann wirklich die Sicht beeinträchtigt sein. Oder die Nässe könnte zum Scheiteln der Haubenfedern führen, sodass die Haut sichtbar wird. Die rote Haut macht Hühnerkolleginnen neugierig und könnte zum Picken einladen. Daher bei langem Regen die Tiere lieber ins Trockene geleiten. Als Pflegemaßnahme sollte man die dichten Haubenfedern regelmäßig auf Federlinge kontrollieren.

Holländer Haubenhühner gibt es sowohl in der großen Ausprägung als auch als Zwergform.

Italiener

Neben all den Hühnern mit Hauben, Latschen, kurzen Beinen und Bärten in diesem Buch kommt hier mal ein Huhn ohne Firlefanz. Italiener waren, zusammen mit Leghorn, vor dem Aufkommen der Hybridhühner die Bauernhofhühner schlechthin.

Ein Hahn wie aus dem Bilderbuch: ein rebhuhnhalsiger Italiener.

Italiener sind altbekannte Legehühner. Manche zählen sie auch zu den Zweinutzungshühnern (Zwiehühnern), da sie neben Eiern auch recht ordentlich Fleisch liefern. Die Bauern früherer Zeiten hatten keine Kapazitäten für Experimente und futterverprassende Schönlinge. Daher musste Bewährtes auf den Hühnerhof! Bei der Frage, welche Rasse die wirtschaftlichste sei, bildeten sich unter den Hühnerhaltern zwei Lager: Italiener oder Leghorn. Wohlgemerkt zu Zeiten, bevor die Legehybriden in Mode kamen.

Italiener wurden – Nomen est Omen – in Italien gezüchtet. Sie und die Leghorn haben gleiche Vorfahren und wurden dann in unterschiedliche Richtungen weitergezüchtet, blieben sich aber ähnlich. So kam es, dass weiße Italiener früher den Leghorn zugeschla-

Italienerin in Perlgrau-Orange.

Italiener, hier im roten Farbenschlag, sind agile Hühner und beanspruchen die Grasnarbe stark.

gen wurden. Der Deutsche Rassestandard macht da jedoch einen Unterschied: Er erkennt sowohl Leghorn, die es nur in Weiß gibt, als auch weiße Italiener an. Der Laie könnte beide Exemplare jedoch nicht voneinander unterscheiden. Viele andere Länder werfen sie nach wie vor in einen Topf.

So, wie man sich ein Huhn vorstellt

Italiener sind gute alte Nutzhühner, wie sie im Buche stehen. Und das im wahrsten Sinne: Leseratten haben den Eindruck, mit Italienern, besonders mit rebhuhnhalsigen Hähnen, viele Stunden ihrer Kindheit zugebracht zu haben, scheinen die Tiere doch in vielen Kinderbüchern mit Geschichten vom Bauernhof abgebildet zu sein. Der Prototyp eines Huhns schlechthin. Rebhuhnhalsig bezeichnet einen Farbenschlag, der dem Gefieder der Ahnen unserer Haushühner, der Bankivahühner, am nächsten kommt. Die Hennen besitzen einen dunklen Braunton, der Hals ist goldbraun. Die rebhuhnhalsigen Hähne vereinen mehrere Farben, vor allem schwarz (mit metallisch-grünlichem Schimmer) und leuchtendes Mahagonibraun. Auf dem Kopf trägt der Herr meist einen imposanten Einfachkamm, und auch hier passt das Gleichnis mit dem Kinderbuch. Bittet man ein Kind, einen Hahn zu zeichnen, wird es immer einen schön roten, deutlich gezackten Kamm malen – voilà, das ist ein Einfachkamm. Sie sehen, auch hier kein Firlefanz. Neben dem Einfachkamm ist laut Rassestandard auch ein Rosenkamm erlaubt. Aber das ist ja auch nichts sehr Extravagantes. Wer besonderes Federvieh möchte, bei dem die Nachbarn „Ah“ und „Oh“ ausrufen, für den sind Italiener wahrscheinlich nicht das Richtige, obwohl es sie in vielen verschiedenen Farbenschlägen gibt. Mit Modernen Englischen Zwerg-Kämpfern oder Holländer Haubenhühnern kann man besser angeben – aber auch seltener ein Frühstücksei essen. Denn wer schafft schon plusminus 200 Eier im ersten Legejahr? Die Bauern früher wussten die Antwort: Nicht viele! Italiener, Leghorn und Rhodeländer, eventuell noch Amrocks und New Hampshires. Daher waren das die Favoriten, wenn es darum ging, größtmöglichen Nutzen aus der Hühnerhaltung zu ziehen. Die robusten Italiener beginnen früh mit dem Legen und legen auch im Winter recht ordentlich, wenn andere Rassen größere Pausen einlegen. Die Hennen brüten so gut wie nicht.

Neben den rebhuhnhalsigen Italienern gibt es wie bereits angesprochen noch andere Farbenschläge, darunter schwarz, weiß, grau („blau“), hellgold („gelb“), weiß mit schwarzem oder grauem Hals und Schwanz („weiß-schwarzcolumbia“ bzw. “-blaucolumbia“), dreifarbig in Gold, Weiß und Schwarz getupft („porzellanfarbig“), gestreift, gescheckt, gesäumt, mit leuchtend orangegoldenen Halsfedern („orangehalsig“), mahagonirotem Rücken („rotgesattelt“) und auch kennfarbig. Bei Tieren in letztgenanntem Farbenschlag erkennt man das Geschlecht der Tiere bereits im Kükenalter; das Gefieder der Erwachsenen sieht später mehr nach Tarnkleid in Grau-Braun-Tönen denn nach buntem Federvieh aus – das findet aber auch viele Liebhaber. Die Beine sollen bei gelungenen Ausstellungshühnern leuchtend gelb sein.

Liest man in alten Geflügelbüchern, taucht bei Beschreibungen der Italiener immer wieder das Adjektiv „effizient“ auf. Wie kann ein Tier effizient sein? Nun, es ist ein guter Futterverwerter, das heißt, es produziert mehr Eier als andere Rassen – bei gleichen Futtermengen. Außerdem suchen sich Italiener einen Großteil ihres Futters selber in der Natur. Vorausgesetzt natürlich, der Auslauf ist groß. Und das sollte er bei dieser agilen Hühnerrasse auch sein. Italiener sind lebhaft, sie finden in der täglichen Futtersuche eine sinnvolle Beschäftigung. Außerdem beugt Bewegung einer Verfettung vor, was die Legeleistung sehr mindern würde.

Und wie sieht es mit dem Charakter aus?

Italiener sind etwas nervös und schreckhaft. Sie können von Hause aus gut fliegen, bei Schreck gleich noch viel höher und weiter. Der Zaun des Auslaufs sollte also eine gewisse Höhe haben. Für Kinder sind andere Hühnerrassen vielleicht reizvoller, denn Italiener werden nicht sehr zutraulich. Und das ist es ja, was sich viele Kinder von ihren Tieren wünschen. Manche Italiener-Hähne (nicht alle) nehmen zudem ihre Beschützerrolle gegenüber den Hennen mehr als gewissenhaft wahr. Auseinandersetzungen mit dem Menschen sind möglich – auch das spricht gegen Italiener für Familien mit Kindern, die sich eine Interaktion mit den Hühnern wünschen. Italiener gibt es auch als Zwergform.

Je größer der Auslauf, desto lieber ist es den Italienern – hier eine gestreifte Henne.

Krüper

Krüper bedeutet soviel wie Kriecher und damit ist schon ganz viel gesagt: Diese Hühnerrasse aus dem Bergischen Land hat (gewollt) kurze Beine und daher einen eigenartigen Gang. Sie erhielt auch den Spitznamen „Kriechhuhn".

Zwerg-Krüper gibt es in verschiedenen Farbenschlägen, hier in Schwarz, Weiß und Gelb.

Krüper sind eine uralte Rasse mit kurzen Beinen und sie waren früher aufgrund ihres umgänglichen Wesens häufig anzutreffen. Ihr „Entengang" war interessante Dreingabe. Mittlerweile gehören sie zu den bedrohtesten Rassen und sind selten geworden.

Krüper an sich sind schon selten. Krüper in den Farbenschlägen schwarz-weißgedobbelt bzw. schwarz-gelbgedobbelt sind megaselten. Dobbelung ist der Name einer Zeichnung, die zwischen Säumung und Tupfen liegt: Bei schwarz-gelbgedobbelt sind die Federn zum Beispiel schwarz und tragen am Ende, mit einigem Abstand zum Ende der Feder (sodass ein breiter Saum in Schwarz stehen bleibt) einen großen goldgelben Punkt. Außerdem sind Krüper in den Farben schwarz, weiß, rebhuhnhalsig und schwarzweiß gesperbert erhältlich.

Die Hennen sind sehr fleißige Eierlegerinnen. Sie sind dabei anspruchslos und robust, sehr ruhig und haben keine Ambitionen zu fliegen – arg nette Hühner also.

Es gibt auch eine Zwergform, aber die ist noch viel seltener als die großen Krüper. Wenden Sie sich bei Bedarf an Sondervereine (Adressen im Service ab Seite 126), sie können Kontakte zu Züchtern vermitteln. Die Züchtung ist nicht ganz einfach – vielleicht mit ein Grund für die Seltenheit der Großen wie der Kleinen. Um die Kurzbeinigkeit zu erzüchten, müssen nämlich immer auch langbeinige Tiere mit von der Partie sein. Da die Kurzbeinigkeit an einen Letalfaktor geknüpft ist, kann es vorkommen, dass Embryonen bereits im Ei absterben. Kreuzt man ein kurz- und ein langbeiniges Tier gibt es beiderlei Nachkommen. Ausgestellt werden jedoch nur die mit den kurzen Beinen. Eventuell wäre sogar ein Langbein etwas für Sie?

Die langbeinigen Cousinen

Krüper sind verwandt mit den Bergischen Schlotterkämmen. Sie haben den Namen erhalten, weil ihre Kämme nicht aufrecht stehen, sondern auf die eine oder andere Seite schlottern. Früher hat man zu den „Langbeinern" Schlotterkämme und zu den „Kurzbeinern" Krüper gesagt. Später wurden beide in unterschiedliche Richtungen entwickelt und sind heute zwei unterschiedliche Rassen – die Ähnlichkeiten sind aber noch vorhanden. Wer die Krüper also mag, die Kurzbeinigkeit dagegen nicht, kann sich auch mal bei den Bergischen Schlotterkämmen umschauen.

Mit ihren kurzen Beinen „kriechen" die Krüper regelrecht übers Gras.

Lakenfelder

Hier kommen Hühner, die wie Rinder gezeichnet sind. Selbst Ziegen gibt es in derselben Farbvariante: Die Tiere erscheinen, als hätte man ihnen ein weißes Laken übergestülpt.

Schon als Küken sind Lakenfelder äußerst hübsch anzusehen.

Lakenfelder gibt es in nur dieser einen berühmten Farbkombination schwarz-weiß-schwarz: Kopf und Hals sind schwarz, der Rumpf weiß, der Schwanz wieder schwarz. Zum Vergleich: Das Schwarz ist hier kräftiger als beim bei anderen Rassen häufig vorkommenden Farbenschlag weiß-schwarzcolumbia. Als Eselsbrücke kann man sich merken: Das Huhn sieht aus, als hätte jemand ein weißes Laken über den Rücken des ansonsten schwarzen Tieres ausgebreitet. Der Name Lakenfelder rührt aber wahrscheinlich nicht von dem imaginären Laken her, sondern möglicherweise vom Niederländischen Ort Lakerveld, wo manche den Entstehungsort der Rasse vermuten. Andere sehen die Anfänge in der Region Westfalen.

Lakenfelder sind gute Eierleger, zählen offiziell aber zu den Zweinutzungshühnern, da sie auch gut Fleisch ansetzen – zumindest die Großrasse. Daneben existiert auch eine Zwergform. Kleine wie Große lieben weite Ausläufe, in denen sie fleißig Fressbares suchen, um Power fürs Eierlegen zu bekommen. Die Tiere haben ein lebhaftes Naturell und können gut fliegen. Weshalb Zäune ab 1,80 m aufwärts günstig sind.

Lakenfelder sind eine seltener anzutreffende Rasse. Das verwundert eigentlich bei dem schönen Aussehen und der guten Legeleistung.

Saubere Verwandtschaft

Der Legende nach wollte Oskar Vorwerk aus Hamburg vor über hundert Jahren Hühner mit den Vorzügen der Lakenfelder erzüchten, aber welche, die „nicht so schnell schmutzig werden". Goldbraun war für ihn das neue Weiß und peu à peu züchtete er aus Lakenfeldern und weiteren Rassen goldene („gelbe") Hühner mit schwarzer Lakenfelder Zeichnung. Er gab ihnen seinen Namen: Vorwerk-Hühner.

Amerikanische Leghorn

Den allermeisten ist die Rasse Leghorn ein Begriff. Das Hühnerrassen-Trio Leghorn, Rhodeländer, Italiener gehörte früher zu jedem Dorfbild. Sie sind Klassiker. Altbewährte Super-Leger bei durchschnittlichem Aussehen.

Leghorn beginnen früh mit dem Legen und liefern dann sehr viele Eier, im ersten Jahr können es weit über 200 Stück sein. Da ist es kein Wunder, dass sie zur Züchtung der heutigen Legehybriden, wahren Eierlegemaschinen, herangezogen wurden. Wie schön, dass neben den Hybriden aus Leghorn auch die reine Rasse weiterhin besteht. Ihr Pluspunkt: Leghorn legen über einen längeren Zeitraum eine große Anzahl an Eiern, die Legehybriden legen kurzfristig massig Eier, sind danach erschöpft und werden dann in der Regel „ausgemustert". Im Vergleich sind Leghorn kräftiger als die Hybriden. Dennoch: Für einen Braten reicht es kaum, denn die Züchtung konzentrierte sich aufs Eierlegen. Der Name Leghorn kommt übrigens nicht von Eier-Legen, sondern leitet sich von der italienischen Stadt Livorno ab – Livorno heißt im englischsprachigen Raum Leghorn. Wer nun denkt, die Rasse wurde in Italien gezüchtet, liegt falsch. Es war in den USA. Die Ausgangstiere reisten aber über Livorno in die Staaten. Aber das nur nebenbei.

Leghorn sind Hühner, wie man sie sich vorstellt – rundlich, Beine und Füße ohne Latschen oder sonstige Federzier, Gesicht und Kopf ohne Bommeln, Hauben und Schnickschnack. Ein einfacher roter Kamm, rote Kehllappen zu einem weißen Gefieder. Keine Tupfen, keine Bänderungen, kein nichts. Im Rassestandard sind Leghorn nur in reinem Weiß anerkannt (schön leuchten die gelben Beine dazu). Es gibt, gerade in amerikanischen und niederländischen Züchtungslinien, auch andere Farbenschläge, die jedoch in Deutschland und manchen anderen Ländern nicht offiziell anerkannt sind.

Weiße Leghorn kennt jedes Kind, zumindest vom Aussehen her. In Kinderbüchern ist es eines der beiden „Standardhühner": Wenn irgendwo ein Huhn gemalt ist, sieht es häufig dem Leghorn ähnlich – oder auch dem Italiener. Beide stellen den Halter vor dieselbe Herausforderung: Sie fliegen so gut, dass man eigentlich einen Hochsicherheitstrakt bauen müsste. Hohe Zäune (2 m und mehr) mit nach innen geneigten Pfosten sind wichtig. Außerdem sind Leghorn agil, sie scharren gern und oft. Neben der Großrasse existieren auch Zwerg-Leghorn.

Amerikanische Leghorn sind immer weiß.

Marans

Marans sind eine ziemlich berühmte Rasse – berühmt für eine einzige Sache: die besonders dunkelbraune Eierschale. Vor allem in Frankreich schätzt man sie. Man muss aber sagen, dass nicht alle Marans schokoladenbraune Eier schaffen …

Das dunkelbraune Ei stammt von einer Maranshenne.

Die Hühner an sich sehen ziemlich normal aus. Aber was ist angesichts der Diversität der Haushühnerrassen schon normal? Sie sehen jedenfalls aus wie stinknormale Bauernhofhühner ohne Stammbaum. Es gibt sie überwiegend in Schwarz-Kupfer, das heißt schwarz als Grundfarbe mit kupferfarbenen Hälsen, Hähne sind zusätzlich am Rücken und Schwanz kupferfarben. Das Gleiche gibt es in Schwarz-Silber und Blau-Kupfer (wobei „blau" immer einen grauen Farbton meint). Man findet also spektakulärere Schönheiten auf dem Hühnerhof, aber Schönheit liegt ja immer im Auge des Betrachters.

Was auf alle Fälle reizt, ist die Eierfarbe! Wie schön das doch aussieht, wenn Eier verschiedener Rassen im Körbchen liegen und man die schönen Abstufungen sieht: Schneeweiß, Creme, vielleicht auch Türkis (von den Araucana, Seite 46), Bräunlich – und ein unwirkliches Schokobraun, mit und ohne dunklere Sprenkel, beigesteuert von den Marans! Es sind relativ ruhige, freundliche, nicht sehr flugfreudige Hühner – warum also nicht zwei, drei Exemplare zwischen den wahren Hühnerdiven mitlaufen lassen?

Aber nun kommt die kleine Krux: Nicht alle Maranshennen legen so super schokobraune Eier! Warum nicht? Weil die Rassegeflügelzucht in Deutschland in erster Linie auf Aussehen züchtet. Auch bei den im Vergleich äußerlich unspektakulären Marans. Es wird nicht ausschließlich auf die Eierschalenfarbe hin selektiert – in Frankreich ist das anders. Dort sind die „Schoko"-Eier äußerst beliebt, was sich auch in der Züchtungsarbeit niederschlägt. Wer also Wert auf die surreal braunen Eier legt, muss auch ein wenig Glück haben bei der Auswahl seiner Junghenne. Oder eine nehmen, die bereits legt und den Beobachtungen des Züchters vertrauen. Wenn dieser die dunkelsten Eier, die er hatte, zum Ausbrüten genommen hat, stehen die Chancen gut. Es gibt auch Zwerg-Marans, die legen jedoch normal braune Eier.

Übrigens: Marans sind klassische Zweinutzungshühner (Zwiehühner). Wer schlachten möchte, bekommt gutes Fleisch.

Was der Bauer nicht kennt …

Es gibt Leute, die finden die Eierfarbe der Marans nicht besonders appetitlich, ja gar abstoßend. Einfach weil sie so ungewohnt ist. Mancher hat die Vorstellung: „Ein typisches Ei ist weiß oder braun“, und womöglich noch die Vorurteile: „Braune Eier sind gesünder als weiße“ oder „Braune Eier sind gleichbedeutend mit bio“. Alles Quatsch!

Moderne Englische Zwerg-Kämpfer

Allen Assoziationen zum Rassenamen zum Trotz: Bei dieser Zwerg-Kampfrasse handelt es sich um wahre Charakterhühner im positiven Sinne. Die ungewöhnlichen Tiere schließen sich bei entsprechendem Kontakt ihren Haltern eng an.

Von oben betrachtet soll die Körperform einem umgekehrten Bügeleisen gleichen.

Wo Kampfhuhn draufsteht, ist nicht immer Kampfhuhn drin. Gut, vom Aussehen ja. Aber von der Wesensart nicht. Die Modernen Englischen Zwerg-Kämpfer waren auch niemals in ihrer Geschichte Kämpfer, sie wurden nie für Hahnenkämpfe gezüchtet. Es handelt sich um die Verzwergung der großen Englischen Kämpfer; die wurden tatsächlich einstmals für den Kampf gezüchtet (Hahnenkämpfe sind heutzutage Gott sei Dank verboten). Was erhalten blieb, ist die typische Optik, die das Huhn eindeutig als Vertreter der Kampfhuhnrassen ausweist. Das grazile, nur 500 g schwere Huhn hat sehr lange, im Vergleich zum Körper ungewöhnlich lange Beine; es erscheint regelrecht hochbeinig. Der Körper ist schlank und sehnig, der Hals langgestreckt. Die Tiere scheinen kein Gramm Fett an sich zu haben (hier kommt vielleicht auch das Erbe der „Leistungssportler“ zum Tragen). Das Gefieder ist dünn, sodass die Hühner noch schlanker erscheinen. Alles in allem eine Optik, die im Vergleich zum gemütlich-runden Landhuhn nicht gegensätzlicher sein könnte. Übrigens: Das dünne Federkleid macht ihnen nichts aus, sie sind robust und nicht kälteempfindlich.

Es gibt viele Farbenschläge, darunter so schöne Bezeichnungen wie blau-goldhalsig, blau-orangebrüstig, silberhalsig mit Orangerücken, birkenfarbig. Außerdem gibt es Züchtungen in einfarbig Schwarz, Blau und Weiß sowie kennfarbig (Seite 53). Die meisten Farben kann man sich bildlich vorstellen, wobei „blau“ im Grunde einen Grauton bezeichnet. Birkenfarbig bezeichnet eine Wildzeichnung auf schwarzem Grundton.

Die langbeinigen Hühnchen sind sehr ruhig, aber neugierig. Sie werden sehr zutraulich, sodass man sie rufen, ja, sie streicheln kann. Sie bleiben bei ihren Menschen und machen die „Spielchen“ gerne mit, weil sie einfach dabei sein wollen. In diesen Situationen flüchten sie so gut wie nie, denn sie finden Menschen einfach toll und bleiben da, um zu schauen, was noch so passiert. Deswegen sind sie auch eine gute Hühnerasse für Familien mit Kindern. Die

Goldhalsige Moderne Englische Zwerg-Kämpfer-Hennen beim „Zwiegespräch".

Moderne Englische Zwerg-Kämpfer laufen nicht, sie stolzieren.

Kinder dürfen „ganz dicht ran" und erleben Natur hautnah. Angesichts der kurzen Flügel fast verwunderlich: Zwerg-Kämpfer könnten fliegen, wenn sie denn wollten. Sie tun es aber meistens nicht, denn dann könnten sie ja etwas in der Menschenwelt verpassen. Jetzt kommt man ins Stutzen: Ist das nicht schon ein Haustier? Wenn es mit dem Gassigehen klappen könnte, würde mancher Halter in Versuchung geraten, seine Freunde ins Haus zu holen. Ganz tolle Charaktere durch und durch! Und da sie lieber ihre Besitzer beobachten und mit diesen interagieren statt Meter um Meter umherzuwandern, benötigen sie keinen so großen Auslauf.

Als Eierlieferanten taugen sie kaum. Wie alle Hühner legen sie Eier, allerdings äußerst selten – wenn, dann aber ein Riesenei im Vergleich zur Körpergröße! Die Zwerg-Kämpfer brüten auch hin und wieder, aber verlassen kann man sich nicht darauf. Man betrachtet sie lieber als reine Schönheitstiere, ohne Eier oder am Ende der Tage womöglich einen Braten zu erwarten.

New Hampshire

Diese aus Amerika, genauer gesagt aus New Hampshire stammende Rasse ist anspruchslos. Sie beginnt früh mit dem Eierlegen, ist dann sehr fleißig bei der Sache und setzt auch gut Fleisch an. Die kräftigen Tiere gelten als gute Futterverwerter.

New Hampshire sind klassische Zweinutzungshühner.

Vor dem Aufkommen der Hybridhühner gehörten die New Hampshire zu den beliebtesten Wirtschaftsrassen. „Wirtschaftsrasse" ist ein sehr kaltes Wort, irgendwie unwürdig für ein Lebewesen. Man darf bei dem Begriff aber nicht automatisch an Legebatterie und Tierquälerei denken. Auch die Bauern früher waren auf Wirtschaftlichkeit angewiesen – und bei denen hatte es die Hühnerschar häufig alles andere als schlecht: mehrere hundert Quadratmeter Auslauf und ein abwechslungsreiches Futterangebot von Feld und Wiese und aus der Küche. Die Bauern konnten sich nur Hühner leisten, die allerlei Arten von Futter gut verwerteten und in reichlich Eier und Fleisch umsetzten. So entstand der Begriff Wirtschaftsrasse – in Abgrenzung zum Ziergeflügel, was eher etwas fürs Auge denn für den Magen war. Wenn man den Begriff Wirt-

schaftsrasse auf diese Weise versteht, weist er auch heutigen Hühnerhaltern die Richtung, was er von dieser Rasse erwarten kann. New Hampshire kombinieren eine sehr gute Legeleistung, bei entsprechenden Lichtverhältnissen sogar im Winter, und eine Menge Fleisch – wunderbare Zweinutzungshühner! Wen wundert es da, dass sie bei der Entstehung vieler anderer Hühnerrassen beteiligt waren?

New Hampshire sehen so aus, wie Kinder Hühner zeichnen würden: goldbraun oder weiß, rundlich, einfacher leuchtend roter Kamm, gelbe Beine. Es gibt noch einen dritten Farbenschlag: goldbraun-blaugezeichnet, also graue Zeichnungen, vor allem am Schwanz, im ansonsten goldbraunen Tier. Optisch keine besonderen Vorkommnisse. Ein Zusatzpunkt für die Schönheit wäre vielleicht: Das Goldbraun glänzt schön in der Sonne – aber das könnten mehrere Rassen in ihr Portfolio schreiben. Und wir wollen nicht verschweigen, dass die Fleißigsten unter den Hennen oder Tiere, die lange der Sonne ausgesetzt sind, im Sommer fleckig werden. Das ist keinesfalls Ausdruck einer angeschlagenen Gesundheit, sondern ein rein optisches Manko.

Wer keinen Platz für die Großrasse hat, wird mit Zwerg-New-Hampshire glücklich.

Diese Rasse glänzt also nicht nur in der Sonne, sondern vor allem mit ihrer Leistung! Das am häufigsten genannte Argument für diese Hühner ist zweifellos ihr Engagement beim Eierlegen; auf bis zu 230 Eier pro Henne kann man sich im ersten Legejahr freuen. Im zweiten Jahr fällt die Leistung im Vergleich zum ersten erheblich ab, aber 150 Eier im Jahr sind trotzdem nicht zu verachten (viele andere Rassen starten überhaupt erst mit dieser Marke ihre Legekarriere). Wer also häufig Eier essen möchte oder bei dem die Verwandtschaft schon Ansprüche auf Frühstückseier angemeldet hat, ist mit diesen Power-Legern gut bedient. Sie sind freundlich und ruhig, schreien nicht sonderlich viel und werden zutraulich. Das Fliegen gehört nicht zu ihren Lieblingsfreizeitbeschäftigungen, sie sind auch recht schwer für große Flugmanöver. Neben der Großrasse gibt es die Zwergform, die allerdings weniger Eier legt.

Bei der Entdeckungstour dieser goldbraunen New-Hampshire-Henne wird auch die Sitzbank nicht verschont.

Was sind Hybridhühner?

Diese Hochleistungstiere werden seit den 1960er-Jahren in erster Linie für die Industrie auf Legeleistung oder auf Fleischansatz gezüchtet. Man unterscheidet Legehybriden und Masthybriden (Fleischhybriden). Andere Zuchtziele, wie Schönheit oder gar die Ausgewogenheit von Eier- und Fleischnutzung im Sinne eines Zweinutzungshuhns, spielen keine Rolle. Erst in letzter Zeit findet teilweise ein gewisses Umdenken statt. Auch der Hobbyhalter kann Hybriden erwerben: auf Märkten auf dem Land oder von durch die Ortschaften pendelnden Geflügelwägen, deren Verkaufstermine in der Regionalpresse publik gemacht werden.

Die Frage ist, ob man Hybridhühner haben möchte oder anders gefragt: Sind Sie auf maximale Leistung angewiesen und machen Sie dafür an anderer Stelle Kompromisse? Für Hobbyhalter kommen, wenn überhaupt, Legehybriden infrage. Die Eieranzahl ist phänomenal: mehr als 300 Eier im ersten Lebensjahr. Im zweiten Jahr nimmt die Eierproduktion deutlich ab, danach versiegt sie fast völlig. Was dann also tun mit dem ausgepowerten Huhn (einige Gedanken dazu auch auf Seite 37)? Wer sich scheut, seine Hühner zu schlachten, wird mit Hybriden nicht froh werden. Für denjenigen sind Rassehühner die bessere Wahl: Sie legen zwar weniger Eier im Jahr, dafür über mehrere Jahre. Wer rein auf die Wirtschaftlichkeit schaut, für den sind Hybriden interessant.

Hybridhühner sind keine Rasse und werden auch nicht innerhalb ihresgleichen weitervermehrt, sondern sie werden regelmäßig neu aus verschiedenen Elternrassen gekreuzt und nach einem „Geheimrezept“ von wenigen Konzernen „produziert“. Welche Rassen und Bastarde in welcher Generation beteiligt sind, kann der Kunde nicht nachvollziehen. Man weiß, dass wohl ursprünglich Leghorn und New Hampshire beteiligt gewesen waren.

Es gibt auch nicht das eine Legehybridhuhn. Es existieren zwar Spitzenreiter, wie das braune und das weiße (lebhaftere) Hybridhuhn, die Legeleistung stimmt, das Aussehen ähnelt sich, aber die Charaktere der Individuen können äußerst unterschiedlich sein.

Kritisiert wird häufig, dass der Halter stets Hybridhühner in der „Hühnerfabrik“ nachkaufen muss. Das Selberzüchten wird nicht den gewünschten Erfolg bringen, da die Nachkommen der Hybridhühner genetisch völlig unterschiedliche Küken hervorbringen (mal davon abgesehen, dass man keinen Legehybrid-Hahn zu Gesicht bekommen wird, denn die zum Eierlegen unnützen Hähne werden im Kükenalter aussortiert; was das bedeutet, kann sich jeder vorstellen). Sie müssen abwägen, welcher Eigenschaft – Legeleistung, Schönheit, Vorhersehbarkeit des Wesens – Sie welche Priorität geben.

Rhodeländer

Hier kommen weitere amerikanische Power-Hühner! Neben den New Hampshire liefern Rhodeländer ebenfalls ein Ei nach dem anderen ab. Und auch bei dieser Rasse kann man sagen: Können vor Schönheit!

Rhodeländer heißen in ihrem Ursprungsland Amerika Rhode Island Red und wurden nach dem Herkunfts-Bundesstaat Rhode Island benannt. Rhode Island Red ist dann eingedeutscht worden zu Rhodeländer. Das „Red“ sagt schon etwas über die Farbe der Tiere: ein schönes dunkles Rot, das in Richtung Mahagoni geht, mit reichlich Federglanz. Charakteristisch ist die sogenannte Backsteinform der Tiere: Der Körper ist eher viereckig-kantig; Beine, Hals und Schwanz gehen davon relativ übergangslos ab. Alles in allem ein hübsches, aber äußerlich nicht spektakuläres Huhn. Als einzige Variabilität treten zwei Kammformen auf: Einfachkamm oder Rosenkamm (Seite 48).
Der Hahn hat seitlich an den gelben Läufen unter den Schuppen einen Streifen. Ist er deutlich rot sichtbar, ist das das Zeichen für: Der Kerl strotzt vor Vitalität! Dieser Streifen findet sich bei allen Rassen, bei Rhodeländern (auch bei New Hampshire) ist er besonders ausgeprägt. Man nennt ihn auch „Generalsstreifen“ nach der Verzierung der Uniformhosen von Generälen.

Rhodeländer bilden mit den New Hampshire von der vorigen Seite und den Amrocks (Seite 40) die Top 3 der leistungsstarken Wirtschaftsrassen, die aus den USA nach Europa kamen. Vor dem Aufkommen der Lege- und Masthybriden waren diese drei Hühnerrassen als Tausendsassas weithin beliebt: Sie sind gute Futterverwerter – also wenig Input bei viel Output in Form von massig Eiern und gutem Fleisch. Rhodeländerinnen erledigen ruhig und bedächtig ihre Aufgabe, ohne viel herumzuschreien und legen etwa 200 Eier im ersten Jahr. Danach fällt die Leistung etwas ab, aber nicht so rapide wie bei anderen Rassen. Rhodeländer gelten, viel Licht vorausgesetzt, als gute Winterleger. Es existieren übrigens auch Zwerg-Rhodeländer.

Vom Züchter Ihres Vertrauens

Etwas aufpassen beim Auswählen der Tiere muss man, dass sie aus einer Zuchtlinie stammen, die sich gut befiedert. Es gibt Linien, die

Zwerg-Rhodeländer sind eine absolute Wirtschaftsrasse.

mit der Asiatischen Gefiederbremse zu kämpfen haben. Hier bilden die jungen Tiere ihr Erwachsenengefieder langsamer aus als andere Linien oder Rassen. Die Gefiederbremse ist kein Parasit und auch keine Krankheit, es ist eine genetische Einschränkung (die sich nicht auf die Eier- oder Fleischleistung auswirkt). Wer sich fragt, ob die Gefiederbremse bei den anvisierten Hennen eine Rolle spielt, muss seinem Züchter vertrauen. Wer Tiere mit Gefiederbremse erwischt, muss einfach länger auf das „fertige" Huhn und den Beginn der Eierproduktion warten – was in der Hobbyhaltung in der Regel auch kein Drama ist. Wer ganz sicher gehen möchte, sollte bereits voll befiederte Tiere etwa ab dem Alter von acht Wochen kaufen. Ein weiteres Argument spricht für den Kauf eines Hühner-Teenagers statt eines Kükens: Manchen Zuchtlinien scheint auch das Federpicken in jungen Jahren mehr im Blut zu liegen als anderen. Beim Kauf von Junghennen ist diese Flegelphase bereits überstanden und gerade der Einsteiger in der Hühnerhaltung hat es mit diesen etwas älteren Tieren leichter.

Sebright

Sebright sind wunderschöne kleine Hühnchen. Sieht der Laie sie zum ersten Mal, überlegt er bei der Henne eventuell sogar, ob es sich um eine Taube handeln könne. Von der Größe käme es hin …

Sebright in Silber.

Diese miniklcinen Zwerg-Zierhühner wurden im 19. Jahrhundert von Sir John Saunders Sebright, einem Politiker, Landwirt und Züchter von Geflügel und anderen Nutztieren, in Großbritannien gezüchtet. Dort wissen die meisten Menschen noch heute etwas mit seinem Namen anzufangen.
Sebright sind zarte Leichtgewichte von einem halben Kilo Körpergewicht und zusammen mit den Bantam die Kleinsten der in diesem Buch vorgestellten Rassen. Trotzdem sind sie keine Mimosen. Diese „Handvoll Huhn“ kann zwar nicht mit immensen Eiermengen punkten, mit Fleisch schon gar nicht, dafür aber mit ihrer Schönheit. Es gibt sie nur mit gesäumtem Gefieder, das heißt jede einzelne Feder trägt einen schwarzen bzw. weißen Saum. In Deutschland sind drei Farbenschläge anerkannt: silber-schwarzgesäumt, gold-schwarzgesäumt und chamois-weißgesäumt. Dabei sieht silber glänzend weiß aus; chamois geht in Richtung cognacfarben. In anderen Ländern sind noch andere Farben anerkannt. Übrigens tragen die Damen und Herren gleich aussehendes Gefieder. Das heißt, der Hahn hat weder lange Sicheln am Schwanz noch anderes schmückendes Federbeiwerk. Der Züchter bezeichnet den Sebright-Hahn daher als hennenfiedrig.

Die Tiere tragen ihre Flügel etwas gesenkt. Man könnte meinen, sie haben sie nur zur Zierde und benutzen sie gar nicht. Oh nein, oh nein, bei Bedarf sind die Flügel rasch ausgebreitet und ab geht die Post. Sebright fliegen wie die Spatzen, daher braucht man einen hohen Zaun, am besten mit einer zusätzlichen Abgrenzung nach oben. Bei wenigen Tieren genügt auch eine große Voliere.

Die Tiere werden schön zutraulich, wenn man sich mit ihnen beschäftigt. Sie sind lebhaft und keck – das Beobachten ist eine Freude. Sind die Hühnchen aufgeregt, recken sie die Brust vor und trippeln nervös umher.
Übrigens sind Sebright sogenannte echte Zwerghühner. Das heißt, sie sind eine eigenständige Rasse, die nun einmal sehr klein ist – und nicht das verzwergte „Abziehbild“ einer großen Rasse.

Impfen nicht vergessen

Sebright sind anfällig für die Mareksche Krankheit. Eintagsküken sollten unbedingt geimpft werden. Fragen Sie vor dem Kauf den Züchter, ob Ihre Mitbewohner in spe geimpft worden sind.

Seidenhühner

Bei diesen Hühnern ist alles ungewöhnlich: das Federkleid, die Haut, die Knochen. Besucht man eine Rassegeflügelausstellung mit Kindern, werden sie höchstwahrscheinlich entzückt rufen: „Oh, wie süüüß! Darf ich die haben?“

Kuschelig-wuschelig sehen sie ja aus, die Seidenhühner – und insgesamt so unvergleichlich. Dieses Huhn läuft keine Gefahr, mit einer anderen Rasse verwechselt zu werden. Sieht man sie zum ersten Mal, denkt man an eine neumodische Züchtung, so abgefahren wie die Tiere aussehen. Aber nein, diese Rasse taucht schon jahrhundertelang in der Literatur auf. Immer, wenn von einem „Wollhuhn“, einem „Huhn mit Fell“ oder einem „schwarzknochigen Huhn“ die Rede war, wird es sich wohl um ein Seidenhuhn gehandelt haben. Auch Marco Polo hat Ende des 13. Jahrhunderts von „katzenhaarigen Hühnern“ berichtet. Auf mittelalterlichen Jahrmärkten wurde den Zuschauern vorgemacht, die „Gauklerhühner“ seien Kreuzungen aus Hühnern und Kaninchen. Und um gleich noch einmal den Bogen zu „kuschelig-wuschelig“ zu schlagen: Natürlich sind Hühner keine Streicheltiere wie Katzen oder Hunde. Seidenhühner werden jedoch so zahm, dass man ruhig ab und zu streicheln darf. Wer nun aber samtweiches „Fell“ oder gar Seide vermutet, wird enttäuscht werden. Die Hühner fassen sich eher stumpf an. Die ungewöhnliche Federstruktur kommt dadurch zustande, dass bei die-

Seidenhühner in Weiß sehen richtig plüschig aus.

Zwei wildfarbige Seidenhühner genießen das frische Grün.

Die Schwingenfedern sind nicht so stark zerschlissen wie die Federn am restlichen Körper.

Fünf Zehen sind typisch für Seidenhühner.

ser Rasse die normalerweise in der Federfahne sitzenden Häkchen fehlen. Diese Häkchen verhaken bei anderen Hühnerrassen die sogenannten Strahlen, sodass eine glatte Feder, wie wir sie kennen, entsteht. Die Seidenhühner haben diese Häkchen nicht, dadurch sind die Federfahnen zerschlissen und der „Frisch-Toupiert-Look" entsteht (der Züchter nennt es „Seidenfiedrigkeit"). Am Flügel sind meist ein paar Federfahnen, sprich „richtige" Federn mit Kiel und Fahne zu sehen, an dieser Stelle soll es laut Rassestandard nicht so arg zerschlissen sein. Wer beim Begriff „zerschlissen" zusammenzuckt und denkt „Ach je, die Armen", der sei beruhigt. Federfiedrigkeit ist auch bei Nässe und Kälte kein Problem, in dieser Hinsicht funktioniert das Gefieder einwandfrei. Die Tiere sehen empfindlicher aus als sie sind; die Haltung ist wie bei anderen Hühnern auch. Sie müssen im Winter also weder den Stall heizen noch die Frisur pflegen. Es gibt jedoch eine wichtige Sache zu beachten: Aufgrund der Federstruktur können Seidenhühner nicht fliegen! Die Ausstattung des Stalls muss daran angepasst sein: Zur (nicht zu hoch angebrachten) Sitzstange und zu den Legenestern müssen Hühnerleitern führen. Dennoch wundern Sie sich bitte nicht, wenn Ihre Seidenhühner trotz wunderschöner Hühnerleiter zusammengekuschelt in der Einstreu auf dem Boden schlafen. Die Hühner sind keineswegs krank, sie bevorzugen nur mehr „Bodenhaftung" als andere Rassen.

Ungewöhnlich durch und durch

Hahn und Henne haben übrigens dasselbe Gefieder. Die Hähne sind jedoch etwas größer und ihr Kamm ist größer. Apropos Kamm: Ein ungewöhnliches Huhn braucht auch einen ungewöhnlichen Kamm – daher trägt das Seidenhuhn einen Walnusskamm (Nomen est omen, was die Kammform betrifft). Seidenhühner treten in folgenden Farbenschlägen auf: Die meisten sind einfarbig, und zwar weiß, schwarz, silbergrau, hellgrau (der Fachmann sagt „perlgrau"), goldfarben („gelb"), graubraun („wildfarbig") und rotbraun („rot"). In Weiß sehen die Tiere am flauschigsten aus. Außerdem gibt es noch gesperberte Seidenhühner (das heißt, jede Feder ist hellgrau-schwarz quergestreift), weiß-schwarzgefleckte Hühner und Tiere in einem Farbenschlag namens Splash. Splash bezeichnet eine gräulich weiße Grundfarbe mit unterschiedlich farbigen verwaschenen Flecken darin. Charakteristisch – neben dem omnipräsenten Wow-Faktor Seidenfiedrigkeit – ist noch der Schopf auf dem Kopf. Er hat immer dieselbe Farbe wie das restliche Gefieder. Er ist nicht so stark haubenförmig ausgebildet wie beispielsweise bei den Holländer Haubenhühnern, aber dennoch deutlich gerundet. Ein bisschen erinnert er an eine Perücke.

Sämtliche Farbenschläge gibt es mit und ohne Bart. Bei Bartträgern sieht man die Kehllappen nicht. An den Außenkanten von Beinen und Füßen sitzen kurze Federn. Kommen wir zur nächsten Eigentümlichkeit: Haut, Fleisch und Knochen der Seidenhühner sind dunkel, fast schwarz! Auf den ersten Blick wird dies im Gesicht, am Kamm und an den Kehllappen und Beinen sichtbar. Eine Ausnahme bildet der gesperberte Farbenschlag: Hier ist das Gesicht rötlich, Haut und Beine fleischfarben.

Seidenhühner kann man auch schlachten, trotz ihres filigranen Aussehens liefern sie eine vernünftige Menge Fleisch – nur ist dieses (mit Ausnahme vom gesperberten Seidenhuhn) dunkel pigmentiert. Daran muss man sich hierzulande erst gewöhnen, schmeckt dann aber sehr gut.

Und als wären es der Besonderheiten nicht schon genug, hat das Seidenhuhn noch zwei weitere Überraschungen parat. Erstens: Es hat fünf Zehen pro Fuß! Die allermeisten anderen Hühnerrassen haben vier Zehen (weitere Ausnahme: das Deutsche Zwerg-Lachshuhn).Und zweitens besitzt es türkisblaue Ohrscheiben.

Sie ahnen es bereits: Wer so ungewöhnlich aussieht, bei dem hat sich die Züchtung auf das Aussehen eingeschossen, nicht auf die Eierproduktion. Und so schaffen es Seidenhühner vielleicht auf 80 Eier im ersten Legejahr – aber überhaupt nur, wenn sie nicht brüten! Und das machen sie liebend gern, wenn man sie lässt. Sie brüten ihre eigenen Eier zuverlässig aus – aber auch die anderer Hühnerrassen. Ja, es müssen noch nicht einmal Hühnereier sein. Bei seltenen, wertvollen Fasanenarten, die selbst nicht verlässlich brüten und bei denen das Ausbrüten im Brutapparat kompliziert ist, springen Seidenhühner häufig ein.

Und was ist nun mit den Sprösslingen und der Frage „Kann ich die haben?“? Wenn sich Mama und Papa hauptverantwortlich um Pflege und gute Unterbringung kümmern, spricht nichts gegen Seidenhühner. Vorteil ist, sie werden sehr zutraulich und sind von ihrem Wesen her ruhig. Auch was ihr Mitteilungsbedürfnis anbelangt – die Nachbarn wird's freuen! Aufgrund ihrer Federstruktur können sie wie gesagt nicht fliegen; es genügen also niedrige Zäune.

Noch mehr Seide ...

Von den ohnehin zarten, gut 1 kg schweren Seidenhühnern gibt es noch eine Nummer kleiner: Zwerg-Seidenhühner bringen rund ein Pfund auf die Waage. Etwas ganz Außergewöhnliches, von der Größe her vom gleichen Kaliber wie die Zwerg-Seidenhühner, sind Siamesische Seidenhühner. Es gibt sie nur in Weiß, sie haben eine helle Haut und ein rotes Gesicht. Sie sind äußerst selten und wahre Liebhabertiere – vielleicht haben Sie mal das Glück, welche auf Rassegeflügelausstellungen zu sehen. „Normale“ Seidenhühner und Zwerg-Seidenhühner werden dagegen häufig gezüchtet; es dürfte kein Problem sein, Tiere zu bekommen (Adressen im Service ab Seite 126).

Spanier

Aristokratisch schreiten sie auf langen Beinen und präsentieren ihre Gesichtsmaske. So, als seien sie sich ihres außergewöhnlichen Aussehens bewusst. Ob sie Inspiration zur Redewendung „Stolz wie ein Spanier“ waren? Sicher nicht, aber es würde passen.

Gleich einem andalusischen Hengst, zeigt diese Spanier-Henne den Spanischen Schritt.

Bei den Spaniern handelt es sich um eine der ältesten in Europa anzutreffenden Hühnerrassen. Gezüchtet wurden die nur in Schwarz existierenden Tiere ursprünglich –Überraschung! – in Spanien. Weitergezüchtet dann vor allem in Großbritannien. Sie sind unverwechselbar! Das Herausragende ist ihnen ins Gesicht geschrieben: die schneeweiße Maske. Als einzige Hühnerrasse trägt sie ein weißes Gesicht – sowohl Hennen als auch Hähne. Manche empfinden das als leicht gruselig, es ist aber unbestreitbar faszinierend. Man sagt, das Gesicht solle aussehen wie feines Glacéleder (Sie wissen schon, das von den berühmt-berüchtigten Glacéhandschuhen aus der Redewendung). Aber keine Sorge: Der Vergleich bezieht sich nur auf die Oberfläche der Gesichtshaut, anfassen muss man die Tiere nicht mit Glacéhandschuhen. Spanier

Als hätten sie dick Theaterschminke im Gesicht: Spanier werden deshalb im Englischen gern inoffiziell Clowngesicht genannt.

sind robust und pflegeleicht, wenn auch lauffreudig. Die gefiederten Langstreckenläufer sind nichts für kleine Ausläufe.
Sie zählen zu den klassischen Legehühnern, denn sie legen viele – im ersten Legejahr mehr als 150 – weiße Eier. Die Eier sind im Vergleich zu denen anderer Rassen recht groß. Und sie beginnen früher mit dem Legen als andere Rassen. Spanier brüten nicht, sondern konzentrieren sich voll und ganz aufs Eierlegen. Daher sind sie schon seit Jahrhunderten beliebt – zumindest vor dem Aufkommen der Legehybriden. An die Eierleistung dieser „Legemaschinen" kamen und kommen die Spanier nicht heran. Daher sank ihr Stern in der bäuerlichen Landwirtschaft, weshalb sie heute nicht mehr so weit verbreitet sind. Sie sind auch nicht ganz einfach zu bekommen, Sondervereine helfen hier weiter (Adressen im Service ab Seite 126).

Die Rasse existiert auch als Zwergform, jedoch sagen viele Hühnerfreunde: Wenn schon Spanier, dann große! Denn die sind imposant, ihre Gesichtsmaske ist groß und strahlend weiß. Bei den Zwerg-Spaniern ist eben alles eine Nummer kleiner – auch das gewisse Etwas. Interessant ist noch, dass die Hühner mit einem rötlichen Gesicht schlüpfen, erst als Jungvogel färbt sich das Gesicht dann um.

Strupphühner

„So ein ausgeflipptes Huhn!“ möchte man diesen Strupphühnern hinterherrufen. Wie gegen den Strich geföhnt und auftoupiert sehen sie aus. Also wieder unverwechselbare Kandidaten für Sie!

Strupphühner heißen so, weil ihr Gefieder laut Fachjargon gestruppt ist. Was bedeutet das? Im Grunde sind die Federn gelockt, so wie bei einigen Chabo. Die Federn sind in diesem Fall nach oben gebogen, sodass teilweise die Federrückseite sichtbar wird. Die Bögen der Federn sollen Richtung Kopf stehen. Die Hühner sehen dadurch struppig aus, aber nicht im Sinne von ungepflegt, sondern quasi „struppig mit System“. Das ist wieder so eine Rasse, die – wie auch die Seidenhühner mit ihren zerschlissenen Federn – polarisiert: Der eine mag's, der andere nicht. Schauen Sie sich die Tiere vor dem Kauf unbedingt einmal in Echt an, zum Beispiel bei einer Rassegeflügelschau eines Kleintierzüchtervereins. Es gibt sie in Schwarz, Weiß, Hellgrau (offiziell heißt dieser Farbenschlag „Blau“) und gesperbert. Dadurch, dass teilweise die Rückseite der Federn sichtbar ist, ist der schwarze Farbenschlag nicht tief dunkel, sondern erscheint eher anthrazit.
Es gibt auch Zwerg-Strupphühner, die sind sogar etwas geläufiger als die Großrasse. Bei den Zwergen sind die Farben schwarz, weiß, goldfarben („gelb“), mahagonibraun („rot“) und grau („blau“) anerkannt; gesperbert wie bei der Großrasse fehlt.

Strupphühner sind nicht weit verbreitet. Mit diesen Tieren haben Sie auf alle Fälle etwas Besonderes.

Einfach nur cool: ein weißes Zwerg-Strupphuhn.

Mit ihrem unorthodoxen Federkleid fliegt es sich nicht besonders geschmeidig, daher machen das Strupphühner auch kaum. Der Zaun darf also etwas niedriger ausfallen. Auch ihr ruhiges Wesen spricht gegen Ausbruchsversuche.

Tiere mit solch einem besonderen Aussehen haben häufig mit zwei Vorurteilen zu kämpfen. Erstens: Heieiei, die sind empfindlich; zweitens: Das sind Zierhühner, die legen kaum Eier. Unterschätzen Sie die Strupphühner bloß nicht! Sie legen recht ordentlich, über 130 Eier im ersten Legejahr werden es bestimmt. Und das bei robuster Gesundheit – ganz normale Hühner eben.

Und zum Schluss noch ein Hinweis, falls sie selbst später einmal Küken schlüpfen lassen wollen (vorausgesetzt natürlich, sie halten auch einen Hahn): Bitte wundern Sie sich nicht, wenn nicht alle Hühnerkinder „struppig" aussehen. Auch wenn beide Eltern gestruppt sind, sind nur etwa zwei Drittel der Nachkommen ebenfalls gestruppt. Der Rest hat glattes Gefieder – auch das sind tolle Tiere, nur eben äußerlich nicht so spektakulär.

Sultanhühner

Als der Hühnergott den Schmuck verteilt hat, haben die Sultanhühner bei allem „Hier!" geschrien. Alles Tamtam, was ein Huhn haben kann, haben die Sultanhühner: Haube, Bart, fünf statt vier Zehen, Federlatschen ...

Sultanhühner sind etwas ganz Besonderes für den Hühnerhof.

Ihr hochherrschaftlicher Name rührt daher, dass sie einst durch die Palastgärten der türkischen Sultane schritten. Sie wurden als Statussymbole gehalten. Besondere Leistungen brauchten sie dafür nicht erbringen, außergewöhnliches Aussehen genügte. Und so ist es noch heute: Sultanhühner sind etwas für Liebhaber, die sich an ihrem Anblick erfreuen. Wenn sie ab und zu ein Ei legen, sollte das als eine willkommene Überraschung betrachtet werden. Wem dagegen viele Eier wichtig sind, der sollte vielleicht zu den etwas größeren Strupphühnern von der vorhergehenden Seite umschwenken; die sehen ebenfalls bizarr aus – wenn auch auf ganz andere Weise – und punkten zudem mit ihrem Legefleiß.
Kommen wir zurück zu den Sultanhühnern. Sie sind stets schneeweiß, und zwar komplett von der Haube bis in die Schwanzspitze.

Trotz Bart und Haube kann diese Sultan-Henne ihre Umwelt problemlos wahrnehmen.

Und wenn sie legen, sind die Eier – wie sollte es anders sein – weiß! Die Tiere haben ein sehr markantes Aussehen. Wer sie das erste Mal auf einer Rassehühnerausstellung sieht, dem erscheinen sie vielleicht fast ein wenig künstlich – zumal wenn man das gemütliche Landhuhn vom Bauernhof um die Ecke im Kopf hat. Man muss sagen, dass die Hühner bei den Ausstellungen häufig besonders hergerichtet werden, damit sie den bestmöglichen Eindruck auf die Preisrichter machen. Sie werden zumindest vor den Ausstellungsterminen gewaschen. Also so makellos weiß werden sie in Ihrem Auslauf daheim vermutlich nicht immer aussehen – das nur als kleine Vorwarnung.

Sultanhühner haben von allem etwas zu bieten: Haube, Bart und Federlatschen ...

Nur in Weiß?

Ja, Sultanhühner gibt es nach deutschem Rassenstandard nur in Weiß. Wer die Haubenoptik mag, aber lieber etwas mehr Farbe im Hühnerhof hätte, sollte sich einmal die Holländer Haubenhühner von Seite 72 genauer anschauen.

Auffälligste Merkmale am Kopf sind der Bart und besonders die Haube, die an einen Turban erinnert. Das ergibt solch einen „Plüsch" am Kopf, dass er nahezu rund erscheint. Die Augen liegen etwas tiefer in den Federn, die Tiere können aber trotzdem gut sehen. Jedoch wer die wachen Augen und den kecken Blick von Hühnern liebt, muss bei dieser Rasse genauer hinschauen.

Einen genauen Blick lohnt auch die außergewöhnliche Kammform der Hähne. Sie tragen einen sogenannten Hörnerkamm.

Hierbei stehen zwei „Hörnchen“ V-förmig nach vorn; das erinnert ein bisschen an ein Teufelchen.

Etwas mehr Pflegeaufwand

Wie alle Haubenträger mögen Sultanhühner keine Nässe, denn dann wird die Haube nass und schwer, hängt herunter und schränkt unter Umständen das Gesichtsfeld ein. Lassen Sie die Tiere also bei anhaltendem Regen lieber im Stall. Außerdem nisten sich zwischen den Federn der Haube gerne Läuse ein. Die Hauben sollten daher häufiger angeschaut und auf Ungeziefer untersucht werden. Da die Tiere sehr zahm werden, ist das kein Problem. Bei einem Befall holt man sich speziellen Puder aus der Apotheke. Im Stall sollte alles schön sauber gehalten werden. Das gilt eigentlich für alle Hühner. Bei dieser Rasse aber ganz besonders, da sonst Kot samt Einstreu leicht in den üppig befiederten Füßen, den sogenannten Federlatschen, kleben bleibt. Schenkel, Beine und Füße sind überreich mit Federn gesegnet. In den Latschen wartet noch eine Besonderheit, die sich wegen der Befiederung erst bei genauem Hinsehen erschließt: Wie Seiden- und Lachshühner haben auch diese Hühner an jedem Fuß fünf Zehen, also eine mehr als die meisten anderen Hühner.

Noch ein Hinweis zum Futter: Sultanhühner sind wie gesagt Barträger und Weichfutter bleibt allzu gerne im Bart kleben, was an den aristokratischen weißen Tieren erstens hässlich aussieht und zweitens – noch viel wichtiger – andere Hühner zum Picken animiert. Daher lieber auf Weichfutter verzichten.

Fassen wir noch einmal zusammen: Die Federlatschen sollten nicht dreckig, die Haube nicht nass werden, Weichfutter ist tabu – alles in allem sind Sultanhühner nicht die pflegeleichteste Rasse in diesem Buch. Ihre Wahl sollte wohlüberlegt sein. Wer sein Herz aber an diese ehrwürdigen Tiere verloren hat, sollte sich nicht abschrecken lassen. Wer die eben genannten Einschränkungen beherzigt, wird viel Freude an seinen Hühnerschönheiten haben. Denn sie benehmen sich, wie es ihrer vornehmen Herkunft gebührt, tadellos. Es handelt sich um eine sehr ruhige Rasse; böse Zungen behaupten gar, die Hühner seien etwas phlegmatisch. Sie fliegen nicht und scharren aufgrund ihrer ausladenden Federlatschen kaum. Das bedeutet für die Unterbringung: Ruhiges Temperament gleich geringerer Platzbedarf als bei quirligen Rassen. Wegen den kleinen Besonderheiten in der Haltung sollten Sultanhühner aber eher unter sich gehalten und nicht mit anderen Rassen vergesellschaftet werden. Unter ihresgleichen wirken sie sowieso am schönsten.

Von der Größe her könnte man sie zwischen Groß- und Zwergrasse einordnen, offiziell zählen Sultanhühner zu den Großrassen. Eine verzwergte Form gibt es nicht.

Sundheimer

Ein schweres, ruhiges Huhn, bei dem nicht nur die Fleischmenge, sondern vor allem die Fleischqualität beeindruckt. In Gourmetkreisen ist das Sundheimer Huhn schon länger ein Begriff! Trotz der genüsslichen Vorzüge ist es keine reine Fleischrasse.

Gezüchtet wurde diese Rasse in der Gegend von Sundheim, das heute zu Kehl in Baden-Württemberg gehört. Das angrenzende Feinschmeckerland Frankreich hatte seinen Schatten voraus geworfen: Mit dem Sundheimer wurde ein hervorragendes Tafelhuhn mit heller Haut und hellem Fett nach Vorbild der klassischen französischen Fleischrassen gezüchtet. Manche Restaurants der Gegend weisen ihr Hühnerfleisch heute sogar explizit als Sundheimer Huhn aus, um die Qualität ihrer Gerichte zu betonen. Als klassisches Zweinutzungshuhn (Zwiehuhn) überzeugt es aber auch mit einer hervorragenden Legeleistung.
Sundheimer gibt es nur in einem einzigen Farbenschlag: weißschwarzcolumbia, also ein weißer Körper mit schwarzen Akzenten an Hals, Schwanz und Flügelspitzen. An den Beinen und äußeren Zehen zeigen sich ein paar Federn, der Züchter nennt das „leichte Bestrümpfung".

In der Haltung sind die Tiere ideal: Sie fliegen aufgrund ihrer Schwere und ihres ruhigen Temperaments so gut wie nicht. Klar, sie benötigen ordentlich Futter, damit sie das hochgelobte Fleisch ansetzen können, ansonsten sind sie pflegeleicht. Die Hähne gelten als relativ leise.

Die großen Sundheimer sind richtige Kaventsmänner mit etwa 2,5 kg Gewicht bei der Henne und bis 3,5 kg beim Hahn. Zwerg-Sundheimer sind kleiner, sie wiegen rund die Hälfte und gehören damit zu den kräftigsten Vertretern unter den Zwerghühnern. Sie legen weniger Eier als ihre großen Ebenbilder, aber immer noch gut. Fleischliebhaber müssen Zwerg-Sundheimer nicht automatisch aus ihrer Wahl ausschließen. Im Gegensatz zu vielen anderen Zwerghuhn-Rassen liefern sie vergleichsweise ordentlich Fleisch.

Sundheimer waren seltene Anblicke auf deutschen Hühnerhöfen geworden, nachdem leistungsstarke Amrocks, New Hampshire und Rhodeländer aus den USA eingeführt wurden. Sie waren zeitweise sogar vom Aussterben bedroht. Heute werden sie wegen der exquisiten Fleischqualität wieder häufiger gehalten. Vielleicht auch bald von Ihnen?

Sundheimer und Zwerg-Sundheimer gibt es nur in einem einzigen Farbenschlag: weiß-schwarzcolumbia.

Thüringer Barthühner

Diese Rasse hat einen schönen Spitznamen: Thüringer Pausbäckchen. Wer sie sieht, dem wird schnell klar warum. Thüringer Barthühner sind hübsche Gesellen in vielen Farben und gute Eierleger.

Ein schwarzes „Pausbäckchen".

Die Wiege dieser Rasse stand in der Region des Thüringer Walds. Die ist für ihre ungemütlichen Temperaturen bekannt. Die Thüringer Barthühner sind dementsprechend megarobust und kälteunempfindlich. Passenderweise schauen sie ein bisschen so aus, als hätten sie sich den Mantelkragen hochgeschlagen und den Kopf zwischen die Schultern gezogen. In Wirklichkeit suggeriert das aber lediglich der dichte Federbart.
Die vitale Rasse wird in vielen schönen Farbenschlägen gezüchtet. Neben den einfarbig schwarzen, weißen, roten und goldfarbenen („gelben") Tieren gibt es auch Hühner in Blau-gesäumt. Das heißt, jede Feder ist grau (der Züchter nennt das „blau") und besitzt eine dunkle Umrandung, den Saum. Außerdem finden sich

Eine Barthuhn-Dame in Chamois-Weißgetupft.

unter anderem die Farbenschläge gesperbert (also ein Gefieder ähnlich wie bei den Amrocks von Seite 40), chamois-weiß getupft (chamois bedeutet cremefarben, in Kombination mit weißen Tupfen) und gold- bzw. silber-schwarzgetupft (schwarze Tupfen auf goldenem bzw. weißem Grund). Silberschwarz getupfte Hennen erinnern von der Zeichnung des Federkleids her an Hamburger Hühner; Thüringer Barthühner sind aber kräftiger.

Mit üppigem Bart

Charakteristisch und namensgebend ist ihr voller Bart. Wie bei anderen Barthühnern auch, sollte man aufs Füttern von Feuchtfutter verzichten, da im Bart hängen gebliebene Futterreste andere Hühner zum Picken anregen. Überhaupt erregen die Bärte die Aufmerksamkeit der Mit-Stallbewohner. Bei Langeweile picken sie sich dort gern gegenseitig. Daher sollte man gut für Beschäftigung sorgen. Ganz oben auf ihrer Liste der liebsten Hobbys steht: Futter suchen. Sie sind auch sehr gut darin (was aber nicht heißt, dass man auf das Grundfutter verzichten kann) und setzen die gewonnene Energie in zahlreiche Eier um. (Thüringer Barthühner legen, bei entsprechenden Lichtverhältnissen, übrigens auch vergleichsweise gut im Winter.) Sie lieben es, durch einen möglichst großen Auslauf zu streifen und dort nach

Thüringer Bartzwerg-Hennen brauchen den Freilauf, um glücklich zu sein – hier der Farbenschlag silber-schwarzgetupft.

Ihr grimmiges Aussehen täuscht! Thüringer Barthühner, hier in Chamois-Weißgetupft, sind liebenswerte Hühner.

Samen und Insekten oder auch nach ausgestreuten Getreidekörnern zu suchen. Schwierig wird es bei Stallpflicht, die bei Verdacht auf Vogelgrippe ausgerufen werden kann. Diese Zeit des behördlich angeordneten Stubenarrests ist für alle Hühner eine stressige Zeit; wenig Sonnenlicht und viel Langeweile stellen die Hühnergesundheit auf eine Probe. Aber besonders die Thüringer Barthühner trifft diese Zeit hart, da sie lieber für ihr Futter „arbeiten", statt alles auf einem Silbertablett serviert zu bekommen. Für alle Hühnerrassen ist in dieser Zeit ein Wintergarten toll (er hat auch noch weitere Vorteile, wie wir auf Seite 25 beschrieben haben), für Thüringer Barthühner ist er während dieser Zeit unerlässlich. So haben die Tiere die Möglichkeit für erlaubten, wenn auch räumlich eingeschränkten Freigang: sich den Wind um den Schnabel wehen lassen, Sonnenlicht tanken, das eine oder andere Insekt, das unvorsichtigerweise durch das Drahtgeflecht geflogen ist, jagen, was von der Welt sehen ... Dies alles wirkt gegen Auf-dumme-Gedanken-kommen. Und bei Barthühnern steht Bartpicken ganz oben auf der Liste der dummen Angewohnheiten. Thüringer Barthühner gibt es auch als Zwergform. Sie ist noch lebhafter als die ohnehin schon agile Großrasse. Große wie kleine Thüringer Barthühner sind recht kommunikativ; die Zwerg-Hähne krähen sogar noch lieber als die großen. Wer den großen Barthühnern keinen richtig großen Auslauf bieten kann, sollte die Zwerge wählen.

Welsumer

Welsumer sind eine weit verbreitete Rasse. Sie werden kaum Schwierigkeiten haben, sie bei einer Rassegeflügelausstellung live zu Gesicht zu bekommen. Ein spektakuläres Aussehen dürfen Sie jedoch nicht erwarten.

Welsumer-Henne in Rost-Rebhuhnfarbig.

Welsumer kommen ursprünglich aus ... Raten Sie mal! Genau, Welsum in den Niederlanden. Die Rasse ist bekannt für ihre überdurchschnittlich großen, braunen Eier. Das Besondere ist noch die stumpfe, raue Eierschale. Auf die Eierqualität hat das keinen Einfluss. Die Tiere haben aber nicht nur ihre Eier zu bieten: Wer schlachten möchte, darf sich am Tag X auf ein Festmahl freuen. Welsumer gibt es in wenigen, aber attraktiven Farben und Zeichnungen. Darunter so schön klingende Farbbezeichnungen wie orangefarbig. Das heißt natürlich nicht, dass die Tiere knallorange wie Verkehrs-Leitkegel sind. Das Orangefarbene ist dem Laien nur mit Fantasie ersichtlich, am besten noch beim Hahn: Hier sind Kopf, Hals, Rücken und ein Stück der Flügel goldorange-messingfarben, Schwanz und Rumpf ansonsten schwarz. Bei der Henne beschränkt sich die „orange" Farbe auf Kopf und Hals, der Rest ist bräunlich. Offiziell heißt diese Farbkombi aber nun einmal orangefarbig. Silberfarbige Welsumer haben eine ähnliche Farbverteilung, nur dass das, was beim Orangefarbigen „orange" ist, hier silberweiß ist. Daneben gibt es an die wilden Hühner-Vorfahren erinnernde Gefiederfarben, sogenannte rost-rebhuhnfarbene Tiere.

Welsumer sehen wie „richtige" Hühner aus, ohne optische Eigentümlichkeiten. Das rote Gesicht mit Kamm, Kehl- und Ohrlappen sowie den wachen Augen hebt sich deutlich aus dem Gefieder ab. Hähne besitzen einen hoch getragenen Schwanz mit in elegantem Bogen herabhängenden Sicheln – so wie man sich einen stattlichen Hahn vorstellt.

Es existieren auch Zwerg-Welsumer. Sie legen ebenfalls vergleichsweise große Eier, und erreichen hin und wieder die Größe von Eiern großer Hühnerrassen. Aber aufgepasst: Die Zwerge sind etwas schreckhaft, die Großrasse ruhiger.

Welsumer in Silber.

Westfälische Totleger

Keine Sorge, hier kommt niemand zu Schaden! Was wie eine Mischung aus Schlagwaffe und Tierquälerei klingt, ist in Wirklichkeit eine tolle, alte Hühnerrasse. Sie ist mittlerweile selten geworden. Vielleicht trägt der Name eine Mitschuld?

Westfälische Totleger in Silber sind robuste Rassehühner.

Die Assoziation, die der Rassename mit sich bringt, ist völlig ungerechtfertigt. Westfälische Totleger sind robust und wenig empfindlich. Die Eierleistung ist hoch (bis zu 180 Eier zu Beginn ihrer Legekarriere), aber keineswegs durch Überzüchtung und dergleichen ins Abnorme getrieben. Sie legen also fleißig, ohne auch nur den geringsten Schaden dabei zu nehmen. Die Hennen beginnen damit im jungen Alter (früher als bei anderen Rassen), und sie legen über einen langen Zeitraum zuverlässig. Das hat der Rasse die Bezeichnung Dauerleger eingebracht. In ihrem Herkunftsgebiet Westfalen wurde teilweise plattdeutsch gesprochen und die Dauerleger wurden zu Doudtleijer. Das wurde wieder ins Hochdeutsche übertragen und die Missverständnisse begannen.

Westfälische Totleger gehören unter anderem mit Hamburgern und Friesenhühnern (Seiten 70 und 68) zu den Sprenkelhühnern. Ihnen ist die Zeichnung gemeinsam, die wie mit Tusche und feiner Feder aufgestrichelt aussieht. Von den drei genannten und in diesem Buch vorgestellten Sprenkelhühnern sind die Totleger die robustesten, was ihr Betragen betrifft (manche sagen auch, es sind die Trampel unter den Sprenkelhühnern), die anderen beiden sind zierlicher und eleganter.

Die Totleger gibt es in nur zwei verschiedenen Farbenschlägen: gold und silber. Die Sprenkelung beginnt jeweils unterhalb des Halses. Der Hals ist einfarbig in der Grundfarbe: goldfarben oder silberweiß. Beim Hahn ist der sogenannte Sattel, so werden die langen Federn über dem Rücken bezeichnet, ebenfalls ohne Sprenkel.

Totleger sind vitale, agile, auch flugfreudige Hühner, die den ganzen Tag auf Achse sein wollen, um sich Futter zu suchen. Sie sind anspruchslos und wetterfest. Für kleine Ställe und Miniausläufe sind sie nicht geeignet, ein großer Auslauf ist ein unbedingtes Muss.

Diese Rasse ist nichts für kleine Ausläufe.

Zwerg-Cochin

Ein Ball aus Federn? Fast meint man, die Tiere hätten keine Beine, so kugelrund ist ihre Erscheinung. Die Federn sind sehr dicht, bei einigen Varianten sogar gelockt. Hier kommt ein besonderes Huhn in vielen Farbvarianten, das eine große Fangemeinde hat!

Diese Zwerghühner stammen ursprünglich aus China. Sie sind eine der ältesten, aus Asien stammenden und früh nach Europa gebrachten Rassen. Früher (und heutzutage immer noch unter anderem in England) wurden sie Peking-Bantams genannt – nur, dass man diesen Namen einmal gehört hat und bei Bedarf zuordnen kann.

Das Markante ist ihre Körperform: Alles ist gerundet. Der ganze Körper erscheint kugelig, die Beine und Füße lassen sich aufgrund der reichen Befiederung optisch nicht gut vom Rumpf unterscheiden und verschwinden so quasi unter dem Körper. Auch der Schwanz ist rund – sowohl bei den Hennen, die aussehen, als hätten sie einen überdimensionierten Popo, als auch bei den Hähnen. Beim Hahn werden keine Sicheln im hohen Bogen präsentiert, wie das bei anderen Rassen gern der Fall ist. Das Gefieder ist sehr dicht, was zusätzlich Ecken und Kanten weichzeichnet.

Ursprungsfarbe der ersten Tiere, die Ende des 19. Jahrhunderts nach England kamen, war „Gelb", also ein schönes helles Goldbraun. Dort begann dann auch langsam die Zucht. Die Form, die Farbe und das ganze Auftreten der Hühner war damals ein Novum, die Haltung von exotisch anmutenden Hühnern sowieso in Mode – entsprechend teuer wurden die ersten Zwerg-Cochin gehandelt.

Vielfalt der Farbschläge

Neben „gelben" Hühnern gibt es sie mittlerweile in vielen weiteren Farbenschlägen, darunter einfarbig weiß, schwarz, silbergrau (offizielle Bezeichnung „blau"), hellgrau („perlgrau") sowie mahagonirot („rot"). Daneben finden sich gescheckte, gebänderte und gesperberte Tiere, zudem welche mit goldbraunem oder silbergrauem Hals („goldhalsig" bzw. „silberhalsig"). Die auch von anderen Hühnerrassen bekannte Columbia-Zeichnung taucht bei den Zwerg-Cochin in vier Varianten auf: Die Grundfarbe ist entweder ein helles Goldbraun („gelb") oder Weiß, die Zeichnung an Hals- und Schwanzgefieder jeweils schwarz oder grau („blau"); die Farben heißen dann offiziell gelb-schwarzcolumbia, gelb-blaucolumbia, weiß-schwarz-

Gold-Weizenfarbig.

Zwerg-Cochin, hier in Silberfarbig-Gebändert, sind ideale Zwerghühner für Kinder – zutraulich und für jeden Spaß zu haben.

columbia oder weiß-blaucolumbia. Außerdem gibt es kennfarbige Zwerg-Cochin; sie erscheinen wie in ein grau-braun getüpfeltes Tarnkleid gehüllt. Weitere, die Fantasie anregende Farbbezeichnungen sind birkenfarbig, weizenfarbig und porzellanfarbig. Birkenfarbig erinnert tatsächlich ein bisschen an eine Birke, zumindest am Hals, beim Hahn auch am Rücken: Bei ansonsten schwarzen Tieren sind diese Partien weiß mit zarten schwarzen Strichen. Weizenfarbig gibt es in zwei Ausprägungen: gold- oder silber-weizenfarbig. Dabei sehen die Hennen und Hähne jeweils recht unterschiedlich aus. Die Hähne sind schwarz mit gold- bzw. silberfarbenem Hals, Rücken und Teile des Schwanzes. Die Hennen sind sehr viel heller, und zwar so, wie man sich die Weizenfarbe bildlich vorstellt, dazu präsentieren sie einen goldfarbenen bzw. milchkaffeebraun-gestrichelten Hals. Porzellanfarbige Tiere scheinen lebhaft getupft; das kommt daher, dass jede Feder goldbraun ist, geschmückt mit je einem größeren schwarzen Tupfen und in diesem ein kleiner weißer Tupfen. Interessant und lustig bezeichnet ist noch der Farbenschlag bobtailfarbig. Wie der gleichnamige Hund ist der Körper hellgrau, Kopf und Hals weißlich. Besonders exotisch sehen die gelockten Tiere aus. Ja, richtig gehört! Alle Farbenschläge der Zwerg-Cochin gibt es in der normal glatten und in der gelockten Variante. Diese Tiere tragen Federn, die nach oben Richtung Hals gebogen sind. Besondere Pflegenotwendigkeiten ergeben sich daraus nicht. Man muss einfach für sich entscheiden, ob man diese spezielle Optik mag oder nicht.

Ruhig und unkompliziert

Und wie sieht es mit lästigen Angewohnheiten aus? Fehlanzeige bei diesen Hühnchen! Durch die Federn an den Füßen können die Krallen beim Scharren nicht so tief in den Boden eindringen und deshalb verursachen Zwerg-Cochin keine großen Schäden. Die Flügel benutzen sie kaum, die Hühner sind von ihrem Naturell her auch ganz ruhig – sie sehen gar keine Bewandtnis zu fliegen. Angst vor dem Über-den-Zaun-Fliegen muss der Zwerg-Cochin-Halter also nicht haben. Da sie auch keine Schreihälse sind, sind sie gut nachbarschaftskompatibel.

Was sie dagegen richtig gut können und auch gerne tun, ist Brüten. Dieser Rasse wurde – im Gegensatz zu vielen anderen Rassen – der Bruttrieb nicht weggezüchtet. Die Hennen brüten zuverlässig, wenn man sie lässt. Jedoch ist ihre Legeleistung dann nicht besonders hoch, da das Eierlegen immer wieder durchs Brüten unterbrochen wird.

Zwerg-Cochin sind tolle Hühner – Kinder lieben sie! Zum einen, weil sie sie unter Garantie süß finden werden, zum anderen werden die Tiere so zutraulich, dass sie sich streicheln lassen.

Nicht verwechseln!

Zum Schluss noch ein interessanter und zugleich verwirrender Ausflug in die Rassegeschichte: Cochin und Zwerg-Cochin sind zwei verschiedene, völlig eigenständige Rassen. Sie sind nicht miteinander verwandt. Die Zwerg-Cochin sind sogenannte Urzwerge (echte Zwerge, Seite 44), also eine eigenständige kleinbleibende Hühnerrasse.

Diese Hühnchen zeigen ein ausgeprägtes Familienleben, der Hahn ist ziemlich nachbarschaftsfreundlich.

Zwerg-Wyandotten

Hier kommen die It-Girls vom Hühnerhof! Jeder liebt sie, jeder findet sie attraktiv, sie sind fotogen und dabei keine Diven. Man kennt sie von Landleben-Blogs und aus Country-Zeitschriften – sie sind immens beliebt.

Silberfarbig-gebänderte Zwerg-Wyandotten sind ein aparter Farbenschlag.

Hübsche, pflegeleichte Hühner in handlicher Größe, die ordentlich Eier legen und schnell zahm werden – bei den Zwerg-Wyandotten kommt viel Gutes zusammen! Sie besitzen eine gerundete Körperform; nicht so kugelrund wie bei den Zwerg-Cochin von der vorhergehenden Seite, aber dennoch sehr harmonisch rund. Ihren Namen verdanken sie einem Oberbegriff mehrerer Ureinwohner-Stämme Amerikas.

Zunächst einmal aber etwas Klugscheißerei (Entschuldigung!): Die Rasse wird „Weiandotten" ausgesprochen! Wer sich bei einem Geflügelzüchter nach den niedlichen „Wiandotten" erkundigt, erntet ein schmerzverzerrtes Gesicht, weil sich dem guten Mann gerade die Zehennägel hochrollen. Also immer „Weiandotten" sagen!

Gold-blaugesäumt

Nachdem wir diesen belehrenden Teil nun erledigt haben, widmen wir uns den unfassbaren 28 Farbenschlägen dieser Rasse. Ob einfarbig oder mit Zeichnungen wie gemalt, der Hühnerhalter in spe hat die Qual der Wahl. Und es werden immer noch weitere Farben erzüchtet.
Neben einfarbigen Tieren in den gängigen Farben Weiß, Schwarz, Blaugrau (trägt offiziell den Namen „blau"), Goldbraun („gelb") und Mahagoni („rot") gibt es zahlreiche Zeichnungen, die sich dieser Farbpalette bedienen: gesäumt, gescheckt, gesperbert, columbia-, porzellan- und birkenfarbig („Übersetzung" siehe Seite 120). Zudem existieren lachsfarbige (Farbe und Zeichnung anlehnend an ein Deutsches Lachshuhn), rebhuhn- und kennfarbige Zwerg-Wyandotten. Dazu präsentieren alle schöne gelbe Füße und einen dezenten Rosenkamm. Ach, man kann die Farben gar nicht alle aufzählen und beschreiben. Das Beste wird sein, Sie schauen bei einer Rassegeflügelschau in Ihrer Nähe vorbei (die örtlichen Kleintierzüchtervereine geben die Termine bekannt) und sehen sich die Varianten an.

Wenn Sie sich Ihre Wunschfarben ausgesucht haben und die Tiere bei Ihnen eingezogen sind, werden sie mit ruhigen, robusten Tieren belohnt, die kaum fliegen und gut Eier legen.

Geradezu riesig ist die Farbenschlagvielfalt bei den Zwerg-Wyandotten. Hier eine Henne in Silber-Schwarzgesäumt.

Ein strukturierter Auslauf ist für Hühner, wie diese lachsfarbigen Zwerg-Wyandotten, einer öden Graslandschaft immer vorzuziehen.

Schönheit und Nutzen

Wyandotten sind Nutzzwerge, wie sie im Buche stehen: Sie „produzieren" Nützliches, trotz Kleinheit – selbst das Fleisch ist okay. Viele Zwergrassen sind ja eher etwas fürs Auge. Das sind die Wyandotten auch, aber eben nicht nur. Eine Nebenbeibemerkung noch zum Fleisch: Zwerg-Wyandotten halten eine Besonderheit für denjenigen bereit, der die Tiere auch schlachten möchte. Sie besitzen gelbes Fett, das bedeutet, dass eine aus dem Fleisch gekochte Hühnersuppe gelb aussieht. Für viele ist dies der Inbegriff einer guten Hühnersuppe „wie früher".

Es gibt auch eine Großrasse, die früher als „Leistungshuhn" für die Eier- und Fleischproduktion sehr beliebt war. Mittlerweile wurde ihr von anderen Rassen der Rang abgelaufen. Daher sind Wyandotten der Großrasse heutzutage selten anzutreffen. Die Zwerge werden weitaus häufiger gehalten, daher wird ihnen auch in diesem Buch der Vorzug gegeben. Sie legen wie die Großen fleißig Eier (naturgemäß etwas kleinere Eier, aber wen stört das schon?), brauchen dabei aber weniger Futter und Platz. Zwerg-Wyandotten brüten auch – ein wichtiger Hinweis für diejenigen, die mit eigenen Küken liebäugeln.

Service

Zum schnellen Nachschlagen

Zum Reinklicken

Bund Deutscher Rassegeflügelzüchter mit Weiterleitung zu den Landesverbänden, und diese dann mit Weiterleitung zu Kreisverbänden in Ihrer Nähe
- www.bdrg.de

Sondervereine für einzelne Rassen

- www.amrocks.repage.de
- www.sonderverein-antwerpenerbart-zwerge.de
- www.sv-augsburger-huehner.jimdo.com
- www.bantam-klub.de
- www.bielefelder-zwerg-kennhuehner.de
- www.sv-cochin-brahma-zwerg-brahma.de
- www.chaboclub.de
- www.sv-deutscher-lachshuhnzuechter.de
- www.friesenhuhn.de
- www.hamburger-huehner.repage.de
- www.haubenhuehner-seltene-huehner-rassen.blogspot.de (unter anderem Holländer Haubenhühner und Sultanhühner)
- www.krueperhuhn.com
- http://wordpress.lakenfelder-sv.de
- www.zwergkaempfer.de (unter anderem Moderne Englische Zwerg-Kämpfer)
- www.sv-newhampshire.de
- www.sv-zwerg-rhodeländer.de
- www.sebright.npage.de
- www.sv-silkiespolands.de (Seidenhühner)
- www.spanier-sonderverein.de
- www.strupphuhn.de
- www.sundheimerhuhn.de
- www.thueringer-barthuhn.de
- www.svwelsumer.de
- www.zwerg-cochin.de

Bezugsadressen

- www.kleintierzuchtbedarf-rhein.de
- www.sollfrank.de

Zum Weiterlesen

- Bauer, Wilhelm: **Hühnerställe bauen**, 2. Aufl., Verlag Eugen Ulmer, 2013.
  Sie möchten Ihren Stall selbst bauen? Dann finden Sie hier jede Menge Anregungen und Musterställe mit Maßangaben sowie jede Menge Tipps für die Innenausstattung.
- Bauer, Wilhelm: **Zwerghühner**, 2. Aufl., Verlag Eugen Ulmer, 2015.
  Für den Einstieg in die Zwerghuhnhaltung. Das Wichtigste zu Unterkunft, Pflege und Fütterung der kleinen Federtiere.
- Bauer, Wilhelm: **Geflügel und Kaninchen selbst schlachten**, Verlag Eugen Ulmer, 2016.
  Damit Sie immer genau wissen, woher das Fleisch auf Ihrem Teller stammt. Fachgerecht schlachten und richtig zerlegen, Schritt für Schritt erklärt und gezeigt.
- Bauer, Wilhelm: **Superfood für Hühner, Tauben und Co.**, Verlag Eugen Ulmer, 2017.
  Nur Körnerfutter ist auch öde ... Hühner sind zwar keine Gourmets, aber ein wenig Abwechslung im Speiseplan finden sie auch prima. Probieren Sie doch mal Neues oder gehen Sie selbst sammeln – Ihre Hühner werden begeistert sein.
- Christ, René und Bauer, Wilhelm: **Geflügel und Kaninchen – nose to tail.** Perfekt zerlegen & köstlich zubereiten. Verlag Eugen Ulmer, 2018.
  Hier feiern längst vergessene Fleischteile ihre Neuentdeckung. Die Autoren zeigen, wie Huhn, Pute, Ente, Taube, Gans und Kaninchen restlos verarbeitet werden: exakte Schnittführung, detaillierte Anleitungen, Schritt-für-Schritt-Fotos, über 70 Rezepte.

Bildquellen

Wilhelm Bauer: Seite 3 (2), 11, 15, 29(3), 36, 41, 42, 43, 44, 45, 46(2), 47, 49, 50, 51, 57, 58, 59, 60, 61, 64, 67, 69, 70, 71, 73, 74, 75, 76, 77, 78, 79, 83, 84, 86, 87(2), 88, 89, 90 (2), 93, 97, 100, 101, 102, 103, 104, 105, 106, 109, 110, 111, 112, 113, 114, 115, 119, 120, 121, 122, 123, 124, 125, U4, Klappe vorn innen, Klappe hinten außen; **Silke Klewitz-Seemann:** Seite 1, 2, 6/7, 8, 9, 10, 12, 14, 17, 19, 21, 22(2), 23, 24, 25, 26, 27, 30, 31, 32 (2), 33, 34, 35, 38/39, 52, 53, 65, 66, 80, 81, 96, 98(2), Titelfoto, Klappe vorn außen, Klappe hinten innen; **Antje Krause:** Seite 4, 85; **Regina Kuhn:** Seite 18, 54, 55, 56, 62, 63, 94, 95; **Antje Munk:** Seite 28; **Reinhard Tierfoto:** Seite 116, 117

Impressum

Bibliografische Information der Deutschen Nationalbibliothek
Die Deutsche Nationalbibliothek verzeichnet diese Publikation in der Deutschen Nationalbibliografie; detaillierte bibliografische Daten sind im Internet über http://dnb.d-nb.de abrufbar.

Wollgrasweg 41, 70599 Stuttgart (Hohenheim)
E-Mail: info@ulmer.de
Internet: www.ulmer.de
Lektorat: Antje Munk
Herstellung: Ulla Stammel
Umschlag-Konzeption: Ruska, Martín, Associates GmbH, Berlin
Umschlag-Gestaltung: red.sign, Stuttgart: Anette Vogt
Satz: red.sign, Stuttgart: Susanne Junker
Druck und Bindung: Westermann Druck Zwickau GmbH, Zwickau
Printed in Germany

ISBN 978-3-8186-0341-0